U0303218

我们的未来

数字社会乌托邦

〔德〕理查德·大卫·普雷希特　著

张冬　译

JÄGER,

HIRTEN,

KRITIKER

EINE UTOPIE FÜR DIE DIGITALE GESELLSCHAFT

商务印书馆
The Commercial Press

Richard David Precht
JÄGER, HIRTEN, KRITIKER:
Eine Utopie für die digitale Gesellschaft
© 2018 by Wilhelm Goldmann Verlag,
a division of Verlagsgruppe Random House GmbH, München

据 Goldmann Verlag 2018 年德文版译出

前　言

初次接触

"未来社会的经济形态有些不同于今天，您看，在24世纪没有货币金钱。获取财富不再是我们生活的动力。工作不仅是为了完善我们自己，也是为了完善一部分人类。"[1]

这是二十多年前，《星际迷航》里的"占星者"号舰长皮卡德的预言。2373年的未来人类社会将是一个没有金钱和没有雇佣劳动的社会。19世纪的人类社会日常生活中通过物质酬劳以激励人们为自己和社会做贡献，这对24世纪的人来说简直是不可思议。

在系列科幻电影《星际迷航》第8集《第一次接触》中，未来面具的背后所表现的不仅仅是一个科学幻想，而且还是一个古老的人类梦想。这个梦想始于16世纪和17世纪资本主义和雇佣劳动兴起之际。那时候英国爵士托马斯·莫尔、意大利神学家托马索·康帕内拉和热衷科学的英国哲学家弗朗西斯·培根提出，在理想国里既没有金钱也没有金钱劳酬。19世纪的早期社会主义者们醉心于一个理想的新时代，在那个时代里机器工作，工人唱歌，他们希望通过聪明的自动化就可以进入这个理想时代。"最初的目标是尝试建立这样一个社会，该社会的基础是不可能产生贫困的"，[2] 这是奥斯卡·王尔德赋予 20 世纪的一个使命。人们梦想通过"自动机"终结雇佣劳动，因为只有有了更多的自由时间人们才有可能完善自己；谁解放了自己的双手，谁才能获得充实的生活，才能最终获得个人的自由。

最著名的是卡尔·马克思和恩格斯最初所描绘的乌托邦图画。他们满怀崇高理想，沉醉于他们年轻的友谊和无尽的美酒。1845年，卡尔·马克思和恩格斯在布鲁塞尔的流亡中提出："共产主义应该是这样一个社会，这个社会允许任何人随意地'今天做这件事，明天做那件事，早晨狩猎，下午捕鱼，晚上放牧，饭后随心所欲发表评论，不必成为猎人、渔夫、牧人或批评家'。"[3] "无阶级社会将创造全面发展的人"，"自由活动"将取代社会劳动。

"全面发展的人"应该是维护自我意识、充满社会关怀、承担社会责任的人。马克思和恩格斯的理想国与斯大林的国家资本主义相去甚远，长期以来斯大林的国家资本主义绑架了"共产主义"这个词语，用极权主义制度取代了"全面发展的人"的梦想。人们擅长用符合时代的、鲜亮的颜色给自己涂上合适的外表：太阳神的日光浴室里多米尼加僧侣康帕内拉的白色法衣；奥斯卡·王尔德纨绔风格的天鹅绒夹克；马克思和恩格斯所描绘的封建时代牧羊人的浪漫宁静也伴随着工业化的高耸的烟囱。有时候这些看起来像是一个纯净的灰色宇航船，没有任何绿色，好似《星际迷航》中皮卡德舰长的那个毫无想象力的核掩体。

今天，我们面对一个时代的巨变。久久渴望的"自动机"在人类历史上第一次有可能让很多人实现没有雇佣劳动的充实生活。在重复劳动的服务行业里，旧的劳动世界已经支离破碎，矿山和钢铁工人的重体力劳动也正在逐渐减少。新时代对我们更有吸引力的是自主的生活，没有异化，没有条件制约化（Konditionierung），没有千篇一律的单调。那么，未来的猎人、牧人和批评家将来会怎样生活呢？谁可以让他们也能从免除社会保险的机器人所创造的巨大利润里分享一杯羹呢？又有谁能资助/负担他们对自主生活的天才般的奇异设想呢？我们将用什么颜色来描绘我们未来的充满生命价值的空间呢？

对很多欧洲人，特别是德国人来说，一个富有生命价值的未来设想看起来很古怪。他们尚未清楚地看到我们的世界、我们的文明和我们的文化正处于最严重的危机中。地球气候变暖使得非洲大草原干枯，我们却只顾自己眼前的困境，忽视了地球正被灼热的太阳炙烤；海平面不断上升淹没富饶的土地，吞噬美丽的珊瑚岛；人口快速增长导致兴建很多超大城市，垃圾山堆积成摩天大厦；难民潮就像涌入地中海的三角洲，冲击着欧洲贫困防护墙的壁垒，直到某天彻底崩溃；动物和植物世界的种类濒临灭绝，只有对动物园有观赏价值和商业价值的才可能劫后余生。争夺地球资源石油、锂、钴、钶钽铁矿、稀土和水资源的贸易战越演越烈，却披着信仰之争或人道主义干预的虚伪外衣。化石能源时代的大国随着能源的枯竭在做最后一次的挣扎抵抗，他们把世界打成碎片，而不是想办法去拯救世界——如此，能是实现自主生活的乌托邦理想国的沃土吗？这是一个时代转变的开始，还是时代末日的降临？

　　这种情况令人惘然若失。一方面发展科技和从中赢利的狂热者蜂拥而至，如同正在到来的革命令人"欢欣鼓舞"；另一方面西方世界的大多数人缺失信仰。"未来和资本这两个词听起来如此陌生，尤其是当人们屏住呼吸一字一顿地说出它们时，好像它们之间没有任何关联性。"作家英果·舒尔策[1]十年前这样写道。我们不再梦想迁居火星或月球，也不再梦想建造巨大的海底城市，那是 20 世纪 60 年代和 70 年代的梦想。西方社会只对当前和"维持原状"许下了诺言，却没有对未来充满希望的发展做出任何承诺。然而，就在政治家在欧洲到处对他们的选民用"共同应对挑战""对未来充满信心""我们的生活将更美好"等华丽词藻让他们安心入睡的同时，科技平地而起，碾压破坏所有的生活环境。梦想已久的改变社会生活的"自动机"现在已经出现了：互联网电脑、智能机器人，它们由数据喂养，其数据之大远远超出了人类的想象能力。此外还有越来越有自主行为的人工智能，这些恰恰与"维持原状"的愿望背道而驰。

　　那么谁来描绘未来社会的宏图，谁来制定未来社会构建的框架和内容，谁来指引未来社会的构建？任由那些短视的最大利益追逐者诸如谷歌、亚马逊、脸书和苹果们来构建我们的未来，还是听任搭顺风车的德国自由主义者"数字化第一，思想第二"的主张？我们要听信世界末日者的预言——世界将出现一个机器大

1　英果·舒尔策（Ingo Schulze 1962—　）德国当代作家，1995 年出版叙事散文集《幸福的 33 个瞬间》，1998 年关于德国统一的小说《简单的故事》问世，其独特的风格奠定了他在德国当代文学的地位。——译者注

独裁，还是听信经济悲观论者的论断——我们这个星球行将没落，现在已然无可挽救了？

乌托邦和宿命论，人类承诺和人类绝望，如今又像中世纪末期那样被相提并论了。那时，有人期待基督世界千禧年的到来，有人绝望于下一次的战争和瘟疫会使人类社会毁灭。恰恰是两个事件的同期性，正如我们今天所知，催生了新生事物的开始，这正是人性的再生，人道主义的复兴。如果从高空俯视我们自己，会发现当下人类正处于一个相似的历史转折点。如果人们突破臆想的强制逻辑和无可选择的束缚，摆脱怯懦和献媚的低级趣味，那么唯一能够改变厄运的就是相信机遇转折的人。"政治"和"乌托邦"今天看起来似乎不可统一，二者没有共性，就好像舒尔策的"资本主义"和"未来"这一对概念没有共同属性一样。然而我们必须知道，如果你不愿有所作为，生活就不能继续，社会就会走向没落。

写作这本书的目的，是为了帮助人们走出固执的宿命论，鼓励人们对未来保持乐观的态度和设想，尝试描绘一幅未来的图景。此外，技术只是硅谷极客们（GEEK）一厢情愿的方法，它从来就不是医治社会的灵丹妙药。相反，我们看待技术的正确态度以及利用技术的正确方法可以预防和制约它给人类社会带来的危险。总而言之，不是技术决定我们的生活——虽然已经出现了智能手机和人工智能，有谁还没用过它们？——而是文化。我们不禁问自己：我们用哪些人类先验认识开发应用技术？技术应该帮助人类还是替代人类？人类真的需要优化吗？难道不应该是技术满足人类真正的需求而不是让人类需求适应技术吗？没有文化基础的经济是非人道主义的。文化不是给富人的电影院、剧院、音乐和装饰品，它能让生活变得更有价值。迁居火星和月球、建造超大型海底城市显然不是有价值的生活，而被茧裹在数据云矩阵中也不算有价值的生活。

正如 T.S. 艾略特所想象的那样，人们不仅要用大脑来解读数字化，还要"用心脏和神经末梢"。[4]数字化的未来不可以使用算法计算，只有数字化的机器使用算法。如果说数字化未来仅仅是它的技术预言成为现实，那么它是不会造福人类社会的。相反，如果它确实能为地球上尽可能多的大众创造生活价值，那么它将对全人类大有裨益。

目　录

深夜思考

革命

技术专家们从未真正理解人类，金融投机家们也从未重视人类，那么我们为什么要把未来托付给他们？

绩效社会终结

——激烈变革

一个幽灵，一个数字化的幽灵在全球化的社会徘徊。全世界都在注视着这个幽灵，一方面满怀喜悦和希望，另一方面充满恐惧和担忧。还有哪些工业或服务行业没受到数字化影响，还有哪些人没有分享数字化带来的幸运和乐趣？这一现状产生了两种结果：数字化已经被所有国民经济学家承认是权力的象征；现在已经到了最后时刻，指出它在发展的轨道上出现偏差的位置并马上纠正，使之为人类造福而非带来灾难。毕竟，未来不会自己到来，未来由我们创造！问题的关键并非我们将怎样生活，而是我们想要怎样生活。

伟大的巴洛克哲学家戈特弗里德·威廉·莱布尼茨向汉诺威的奥古斯特公爵提议，把全世界语言编码为一种万能语言，即只有1和0的二进制语言。他不曾预料到，这种数学模式会使我们今天的生活世界和劳动世界发生革命性变化，它改变了我们的相互理解和思维的方式。他也不曾料想到，这种语言会导致自主互动的机器、万维网、机器人和人工智能的出现，每一个程序编程师都梦想机器能够超越人类大脑所有功能。

　　所有这些听起来好像是实现了一个人类古老的梦想。我们像天使一样自由地穿梭于时间和空间；我们把自己从强度劳动和无聊工作中解放了出来；我们为自己拼装一个虚拟世界；我们战胜所有疾病，说不定什么时候将会长生不老，甚至永生不死。但是，如果人们以这种方式赢得现实而丢失了梦想，那么情况将会怎样？所有那些来自非科技领域的、对很多人非常重要的、精神生活层面的、非理性的、神秘莫测的、偶然的和有生命的，这些又将会发生怎样的变化呢？技术的世界图像会不会毁灭"那些须对心灵世界有所理解的、从事精神劳动的并以此为生而且收入不菲的神职人员、历史学家和艺术家"？"邪恶根源"的数学会不会把人类造就成地球主人的同时把人类变成机器的奴隶呢？[5]

　　这些问题是一个坦率正直、酷爱数学的工程师作家提出来的。奥地利作家罗伯特·穆齐尔写下了数千页来描述技术革命将给人们的精神生活带来的影响。正如他的长篇小说《没有个性的人》的书名，技术革命会把我们变为"没有个性"的男人（和女人）吗？穆齐尔开始写作这部长篇小说的时代是一个具有革命特色的时代，今天我们称之为第二次工业革命——那是一个工业集成化生产的时代，是福特工厂宣布启动流水线的时代。早在20世纪20年代中期，穆齐尔就预言人类将被彻底解放，走向一条通往所有功能将被分工细化的发展道路；人类内心世界将会枯竭，他预言一个个体尖锐而整体麻木的可怕的混合社会正在形成，人类将在每个独立单元组成的沙漠中被孤独地抛弃。穆齐尔问道："清晰的逻辑思维对给人类的精神生活产生怎样的影响？"

历史总是惊人的相似。当下，在第四次工业革命的初期，人类所有的生活领域几乎都在发生激烈变革。又是技术创新引发了这场变革，正如穆齐尔所提问的那样，技术创新将对我们的精神生活产生什么影响？对我们的共同生活有什么意义？它要强化资本主义经济体制，还是要以其他形势代替？我们可以把这次的激烈变革跟第一次和第二次工业革命相比较。18世纪和19世纪的第一次工业革命把很多农业国家变成了工业国家，第二次工业革命在20世纪初期开创了现代消费社会。这两次工业革命给很多人带来了幸福，并对社会生活产生了长远影响，为社会稳定成功地奠定了基础，也为后来的市场经济繁荣打下了基础。然而，在发展的道路上也曾发生过不可预测的灾难和悲剧，发生了完全失控的社会变化：英国煤矿井下的童工失去了他们的童年，甚至失去了生命；19世纪生活在伦敦和柏林没有光线的阴暗后院里的结核病患者，像茅坑里的苍蝇一样死去；流落在大城市里的贫民没有事故保险、失业保险和医疗保险，他们的父母还是农民和小手工业者。更富有戏剧性的是第二次工业革命，其后果带来了生活的立体交叉变化。高楼大厦、自动电梯、电气化和机械化城市交通，这些虽然加快了现代化进程的节奏，但同时也加剧了暴敛苛求、抵制运动和民粹主义仇恨等，激化并引发了两次世界大战。

唯有第三次工业革命——20世纪70年代到80年代的微电

子革命，相对安静地走上了舞台。然而第四次工业革命，正如它所展现的，影响的指针摆动振幅明显加大了。这一次不仅仅是机械制造发生了变化，就连信息仪器也发生了变化。在现在和未来，信息交换速度和互联网速度是人类历史上史无前例的。计算机芯片的储存容量在过去的十年内增加了数千倍，在未来十年内还会继续呈爆发式增长。

目前我们经济的各个领域都已被数字化，从采购原材料到生产制造、再到市场营销，从物流到售后服务，每个环节都被数字化。新的经济形式占领了传统的经济领域，所谓的"平台—资本主义"让客户自己主导商务活动，例如 eBay 电子商务平台、Uber 打车平台、Airbnb 租房平台，未来还会有越来越多的通过区块链和金融科技从事经济活动的网络平台。很多新型经济模式的动力是极具颠覆性的——这是数字化革命的一个符咒（Zauberwort）。落后的技术和守旧的服务业不是一步一步被改善，而是被简单粗暴地取代了。出租车让步于优步打车；酒店行业被 Airbnb 埋葬；无人驾驶汽车取代传统汽车制造业的大功率发动机；制造业里的大部分产品在未来将用 3D 打印机完成；银行传统的客户业务将很快消失，数字化支付手段不再需要中间人和中介机构，相当一部分的附加值产品也由此被分散了。

所有这些发展不是受自然法则进展的影响，而是被某种思维方式和经营方式所决定，即受效益思维的驱动。人们无论生产什么总是以追逐金钱盈利为目标，这不是人类的自然属性，倘若真是这样的话，人类直到文艺复兴时期都还一直违背自然属性生活。就好像世界上今天还有某些地区，比如在东非伊图里原始森林（Ituri-Urwald）部落，马赛人或者菲律宾芒扬人（Mangyan）的部落生活。直到14世纪和15世纪，意大利商人才开始把成本—利润—预算引入主流文化。中世纪之前人们还固守着同业行会不变的体制，坚持固定和统一的价格，极力反对任何变革和进步。人们仇视破旧立新，有权有势的教会男人们，比如中世纪的神学家托马斯·阿奎那，竭尽一切能力对变革行使妖魔化。那时候金钱的名声很糟糕，贪婪是罪孽，收取利息被禁止。即便教皇和侯爵们常常破坏规则，那时候的主流意识依然是停滞不前而非进步。

如果我们今天更加有效地推动第四次工业革命，那么我们是在延续一种逻辑，这种逻辑始于15世纪的支票兑换和信贷体系的爆发式广泛应用，它使工业制造的发明、继而使集成化生产成为主流文化。从此，经济效益、生产效率和优选优化成为推进我们经济发展的驱动因素。我们使用石油和煤炭等石化原料，燃尽于昨日的瞬间。资本主义追逐利润无止境，总要不断有新的突破。不仅物质原材料，精神原材料也成为资本主义的资源。从第二次工业革命起，时间就被视为金钱。当年福特的流水线所展示的生产过程中无情的速度，如今已是我们生活中的常态。时间被分分秒秒地精确计算，它成为一种昂贵的商品，要充分利用而不得浪费。效益思维，正如自麦克斯·霍克海姆[1]和特奥多尔·阿多

1　麦克斯·霍克海姆（Max Horkheimer 1895—1973）德国社会哲学家，法兰克福学派创始人之一。主要著作有《工具理性批判》《社会哲学研究》等。——译者注

诺[1]以来的哲学所言，"工具理性"遵循一种无情的利用逻辑，它变得更加冷酷无情，也越来越快。

第四次工业革命的效益思维是全新的，它不仅要求生产程序的优化，而且还让人类保持自我优化的渴望和需求。硅谷的预测家们宣告要让人机融合。在他们看来，在人类大脑里嵌入一个芯片就能使智人优化，但是目前来看这还没有实现。那么究竟是谁提出了人类要优化呢？当然，人非完人，人需要发现并重新找到自己。这个观点自柏拉图以来就是哲学探讨的传统，但是这里所说的自我优化是人要更加正义、更加理智，当然，也要更加博爱、更加谦虚、更加和平友好。这不会使我们人类受到损害，对金钱、声誉和权力的渴望和追求也会得到更好地遏制。不过，所有这些并不是数字化革命所要优化的，它要的是最大利益的优化！而人的"优化"意味着把人变得更像机器——不是变得更加人道，相反，而是更加非人道。

我们所要质疑的不仅是无数被打上无效益标记的经济形式、商业模式和企业，还有我们人类的自我认识、我们"无效益"的方式、我们怎样共同生活，以及政治运作的形式。如果说人类更"智能"，我们彼此更"优化"相处，那么我们人类是不是会更"美好"、更幸福呢？是谁说的，最优方案永远在节省的时间里、在简单而直接的方式中？难道说，我们越是盲目听信技术就越个性化？是谁提出的这个范式，又是出于什么目的？一个透明

1　特奥多尔·阿多诺（Theodor W. Adorno 1903—1969）德国哲学家、社会学家、音乐哲学家和作曲家。法兰克福学派成员之一，与霍克海姆合著《启蒙辩证法》《多棱镜：文化批判与社会》等。——译者注

的、随时可以检索到的生活比不透明的、不可预测的生活更有价值吗？

到目前为止，似乎还没有一个人道主义的模式能与硅谷极不人道的技术世界相抗衡。硅谷人承诺的通过科技实现自由恰恰很少给人们带来自由：个人数据被掠夺、私人企业和商业秘密被隐秘监控，每个个体被置于"自我优化"的压力之下。我们世界中的"用户"表层打磨得越是光滑、越是完美优化，堕落为"用户"的人就必将越是感到空虚。终有一天人会发现自己患有功能障碍，就像一直以来人在机器朋友的眼中所设定的那样。不仅是幻灯技术、汽车、唱片、磁带、硬盘和 CD 等技术消失了，不仅是诺基亚、柯达、大众汽车、商业银行和保险公司退出了商业舞台，企业公司和管理机构的办公大楼甚至会仅被当作象征进步的废墟保留，就像曾经的煤矿和钢铁厂的命运一样。同样，我们生命的记忆、我们生活的方式，以及许许多多过时的传记和回忆看起来也都和未来的科技相去甚远。

*

公众社会的讨论还只局限在劳动世界。政客、明星、诗人、预言家和教授们在舞台上、论坛上和峰会上辩论劳动世界的未来，对立双方的预测几乎大同小异。有些人预计会有充分就业的时期，他们的观点基于"科技进步提高了生产率"，"高效生产率提高就业率"的论述。1956 年，美国经济学家罗伯特·索洛在其著作《对经济增长理论的一个贡献》里论述道，科技进步为提高生产率提供了可能性，决定经济增长的因素不是劳动和资本，更多的是技术。假设这次是更高的生产率、更快的增长率、创造更多的就业，我们何乐而不为呢？

对这种态度我们只能给予一个微笑。英国经济学家约翰·梅纳德·凯恩斯早在1933年就预言过工业国家的进步将会导致大批失业。是因为"较之于为剩余劳动力开拓新工作领域，我们的发明提高劳动效率的方法太快了"吗，还是有其他的因素？对此我们可以回顾一段漂亮的历史画面。1978年4月17日德国的《明镜周刊》封面，标题是"电脑革命，进步造成失业"。画面上是一个不甚友好的机器人用其机械臂抓着一个垂头丧气的建筑工人。文章写道："在工业和服务行业里，微小的电子模块威胁数百万的就业岗位。"但这忧郁的预言落空了。1995年美国社会学家和经济学家杰里米·里夫金所预言的"劳动的终结"，尚无定论，依旧在期待中。

蒸汽机、纺织机、电气化和电子化从未持续减少劳动量，相反更加大了劳动量。对未来持乐观态度的朋友今天保持了客观清醒的头脑，他们不再信任预言。他们认为幻想是多余的，无论如何人们永远无法知晓未来，这个世界上也没有可以显示未来的玻璃球。所以，人们不再追问世界进程的走向，并开始嘲讽先知思想家对明后天的设想。除了技术进步每天创造的无数细微的事实、数字和曲线以外，人们不再相信任何事情了。

昨天的预言家可能就是今天的白痴。2016年达沃斯世界经济论坛宣称，数字革命在未来五年将使工业国家失去五百万劳动岗位。这是错误的预警吗？牛津大学教授卡尔·弗雷推算出的数据体系显示，美国当前半数的职业将急剧转变或者被取代。他和麦克尔·奥斯伯[1]关于未来职业的广泛研究得出了同样的结论，地球上发达国家将在未来25年内会有47%的职业消失。[6]这也是错误警报吗？

研究者也清楚，这些数字并不十分可靠。然而，数百万的财会、财务顾问、行政人员、司法人员、税务顾问、公共汽车司机、货运司机和出租汽车司机、银行职员、财务分析师、保险代理等职业，没有可能在屈指可数的将来，甚至极有可能很快被淘汰吗？每一种职业，凡是它们的日常工作是有规则运作的，原则上都是可以被取代的。语义搜索引擎，例如IBM的沃森人工智能系统，可以制作电影预告片，回答医学和司法的专业知识问题。无人驾驶自动汽车早已成为现实，并在可预见的将来广泛取代我们习惯的有人驾驶交通工具。无论是司机还是白领，弗雷和奥斯伯两人列出了七百多种职业，这些职业都将会部分或者全部被计算机取代。

传统培训师的工作在未来也将由机器人完成。很多以前由专业人士完成的工作，现在则是客户自己在自己的平板屏幕上操作完成的。产消者（Prosument），即生产消费者的发展实际上要比数字化更早。人们还清楚地记得，德国自20世纪70年代以来，超市是怎样逐渐取代了食品零售商店。不仅是因为超市规模大，东西更便宜，还因为顾客自助服务节省了人工费用。同样，80年

1　卡尔·B.弗雷（Carl Benedikt Frey）和麦克尔·奥斯伯（Michael Osborne）英国牛津大学经济学家，2013年发布《未来的就业：究竟有多少职业会受到计算机的影响》，通过统计方法列出702个受计算机革命冲击的职业排名。——译者注

代和 90 年代出现的自动咖啡机、自动售票机以及宜家的顾客自己组装家具等，也都是同样道理。"自己动手"的顾客原则在数字化时代无异于这些"自助服务"的一贯延续，例如预定旅游、办理登机手续、订购衣服和书籍、银行转账，等等。

然而，在未来世界，凡是人们在平板屏幕上能够自己操作的，其背面必然隐含着某种专门职业的消失。正如一位曾是 IBM 技术总监的数学家冈特·杜克所说的那样，"平板屏幕背面的咨询职业"正在消亡。人们可以通过"网络平台—资本主义"做所有的交易：商品买卖、住宿、通讯、交通、能源、财务、营养、生活咨询、征友和娱乐等，所有这些都不再需要专业人员了，奥斯卡·王尔德所梦想的那些"自动机"的胜利进军似乎已经势不可挡。

那么，是不是同时也会创造一种新的劳动关系呢？至少在一段时间内，今天的 UPS 联合快递公司的司机还将可以用无人机来代替发送包裹，但也只有在此类活动被智能机器化之前。数字化革命时代的低薪职业可能还可以延续一二十年，但是很快它们的时代也会随之终结。

与此相反，未来社会的职业是计算机科学家和技师。目前他们备受追捧，被各个公司企业争相聘用。想要激励德国经济发展的政客看到大批的 IT 专家即将到来，预判德国正在通向充分就业的道路。不过值得一提的是，并非每个人都具有从事这种复杂专业合格的职业技能，大学里计算机专业的学业中断率很高。从长远来看，社会所要寻找的不是覆盖全社会需求的普通计算机专家，而是专家里的顶级专家。如果说人工智能在未来肯定会掌握什么技能，那就是自动编程的能力。只有那些 MINT 专业里（M代表数学、I 代表计算机、N 代表自然科学、T 代表技术）高资质的顶级专家才会永远炙手可热，例如虚拟世界网页设计师、制造和维修机器人的专家以及能开发新的商业创意的专家。相反，"普通"计算机工程师从中长期来看很有可能将会被取代。

　　但是这种情况并不能安抚像艾里克·布莱恩约弗森[1]和安德鲁·迈克菲[2]那样的 MIT 科技专家。他们自我安慰地说道，所幸的是，"无论是在高速公路还是城乡小道上，谷歌无人驾驶自动汽车还不能在所有公路上行驶"，"各个行业还需要有人工操作的收银员、客户服务人员、律师、司机、警察、维修人员和经理等其他员工"。[7]"他们还没有面临被大浪淘沙的危险。"简而言之，并非所有行业的人员都会被淘汰，[8]那里还会给人们留下少许的工作岗位。然而，这又能让谁宽心呢？只要不是所有人的工作都被淘汰，政治家们就还能心安理得。在一些国家，比如德国，如果有十分之一的人丢失了工作，就足以给社会带来灾难性的后果。但是，MIT 科技专家们对此的建议则是：我们应该冷静，继续维持现有的经济模式，我们需要做的只是努力提高经济增长率。

　　读过艾里克·布莱恩约弗森和安德鲁·迈克菲合著的《第二次机器时代》，就会对 MIT 科技专家们的这种建议感到吃惊。毕

1　艾里克·布莱恩约弗森（Erik Brynjolfsson 1962—　）美国经济学家，麻省理工学院教授，主要研究 IT 和经济、IT 和劳动组织以及 IT 和生产率的关系。——译者注
2　安德鲁·迈克菲（Andrew McAfee 1967—　）美国经济学家，主要研究现代信息技术对经济的影响。首次提出了"工业 2.0"概念。——译者注

竟这本书向全世界阐释了，数字化正在撬动我们整个经济模式的杠杆，并以新的模式来替换。作者沉浸于人工智能时代新机器的欣喜，他们充分发挥想象力，描绘了这个被彻底改变了的世界终会变成什么样子。但是如果涉及人类、社会和政治，想象就会立刻消失。第一次工业革命使人类生活发生了彻底变化，进而创造了一个全新的社会模式，即资产阶级民主制度；而在此之前一直是教会和贵族统治的模式。MIT 科技专家们认为，尽管社会发生了相似的巨大变化，我们当前的经济和社会模式还将会永远持续下去。劳动市场可以通过对职业培训投入更多的资金、提高教师薪酬、给创业和网络提速注资等措施实现平衡。雇主协会很乐意听到这种建议。事实上，这些可爱的建议令人想起 20 世纪 60 年代的民防电影宣传片，影片中建议人们在核战争爆发时用沙袋掩护自己，或者平躺在地上把公文包举在头顶上自我保护。

　　当然未来也会出现新的职业，核心问题是能有多少新职业？低薪领域里出现的新职业肯定要减少，高效计算机领域以及其他三个领域会产生较多的新职业。第一个领域是高级服务行业。按计划及时竣工建成一个飞机场，这在数字化时代显然也还是一个挑战，项目管理和物流管理仍是未来职业。如果这些工作由机器独立承担的话，社会生活会更加杂乱无章，人们将会愈加不可预测。不管怎么说，《星际迷航》在 24 世纪里也不能没有人员驾驶……

　　第二个领域是跟真实的人打交道的职业，在未来这是人们会非常重视的职业。当然了，从技术层面上来说，幼儿园阿姨和老师都有可能被智能机器人所取代，但是人们既不希望发生也不可能真的会发生。跟真实的人进行交谈、实际参与和人文关怀仍然是有价值的财富。同样，社会工作者、法律救助人员、理疗师等职业也不可能被取代。酒店前台的接待员、度假胜地的导游、迷人又熟练的售货员、景观设计师、室内设计师和理发师等职业，几乎也都是不可取代的。我们的医疗健康领域也同样。当然，戴在手腕上的智能测量仪的另一端与医院连接，可以维持和拯救一个糖尿病患者的生命；它也可以测量每个男性和女性患者的血压，甚至比家庭医生测量的还精准。即使有了这样的技术，我们就不再需要一个可以跟他诉说自己心理感受和身体感觉的真人医生吗？不需要一个给我们作裸体检查时不脸红不羞涩的真人医生吗？不需要一个不依据我们的面容作诊断的医生吗？如果说家庭医生在技术方面有不足无可厚非的话，那么他身上人性方面的责任感一定强于仪器。也许未来社会的生活指南还真的会给你推荐一位"家庭医生"——一个真实的人类医生上门问诊，他熟悉你的生活环境，倾听你的陈述，关切你的身体和心理健康。因此，在业余生活、康复保健和医疗卫生等方面仍然是需要优质人力资源的领域。

第三个领域是手艺工匠。因为服务行业越少，其价值就越高。当今需要文凭的职业，在未来的社会不再需要学校文凭。在未来社会，书架的制作由 3D 打印机生产，这会威胁到诸如宜家这类公司的商业模式。一个优秀的工匠，一个手工打造的桌子，或者人工铺设的大理石地板，人工劳动在未来社会会更有价值，人工费也会比任何时候都更昂贵。在 3D 打印商店，人们可以把自己设计的或别人设计的东西打印出来，但是仍然需要一个熟练的工匠把打印件组装起来，或者修改加工。即便是家政智能机器人在未来社会也需要有人工来维修和保养。

　　尽管如此，未来的发展趋势应该是明确的，很多职业在未来将会消失。从低薪工种到简单的服务行业，甚至一些相对来说要求比较高的服务行业，都将被淘汰。在我们不了解新劳动力市场的许多职业的背景下，相信就业会保持不变甚至会增加，这是错判和思维混乱。因为与过去的工业革命不同，数字化革命不是要占领新的领域，而是要提高现有领域的劳动效益。索洛增长模型，如同其他所有的经济教义，并非是自然法则。数字化很有可能会极大提高生产率——尽管索洛本人比他的理论模型对此更持怀疑的态度。但是仅就劳动就业而言，就业率不一定随着生产率的提高而提高。

　　至少有两点可以有力地证明上述论断。迄今为止的三次工业革命都蔓延到了全球。1764 年，英国的纺织工詹姆斯·哈格里夫斯发明了纺织机。那时，英国和荷兰的东印度公司以及西印度公司的帆船早已在世界大洋上行驶了一百五十年了。商船满载奴隶、调味料和棉花在世界各地进行贸易活动。新的纺织技术所做的贡献，则是以源源不断地供货推动了全球贸易。那些遥远的国家那时还仅仅是提供资源和原材料，然而帝国主义发现了越来越多的东西。如果没有比利时从刚果疯狂野蛮掠夺来的橡胶原料，何谈第二次工业革命的机动车制造业。第三次工业革命把东南亚变成了纺织工业加长了的流水线，使巴西和阿根廷成为饲料生产加工地。廉价制造以及开发汽车、机械和电子消费品新的销售市场，生产和销售并驾齐驱，都是为了共同目标而奋斗。

随着经济更有效的生产，对原材料和销售市场的需求量也不断扩大。恰恰是这个发展进程如今陷入了困境。当前，为获取最后的自然资源，各国展开了资源争夺战。很难想象发达国家把自己的产品大量卖给不发达国家像刚果、中非共和国、南苏丹、索马里或阿富汗等国家，是为了让它们将来成为"亚洲四小虎"一样的国家。与过去的历次技术革命不同，今天的蛋糕被更多国家分摊——更高效率的生产不会带来更多的就业了。

说到生产，很多数字化的商业模式其特殊魅力在于传统意义上的生产完全不再制造什么了。通过网络平台进行商务活动，而非通过传统的贸易公司和银行，这种行为不会创造附加价值。同理，通过掠夺个人数据有针对性地对消费者投放广告，也不会产生附加增值。企业赢利跟机械、汽车、飞机、道路交通、建筑大楼等国民经济效益是相辅相成的，而脸书和谷歌的赢利跟国民经济效益没有什么关联性。庞大的数据交换、在自动化算法处理的基础上做出决定，这是一个巨大的商务交易活动。那么，它于何人有利？它未必"造福于所有人"，其创造的就业岗位也少得惊人。德国的 eBay 电商，其 30 亿欧元的营业额只带来 80 个就业岗位；YouTube 在线视频网所带来的工作岗位则更少。

我们看到了太多关于数字化后果的评价：数字化发展正在加大贫富两极分化，因为没有国家层面上的，确切地说，没有一个超越国家的管理政策和明智的政治决策。数字化把楔子任意地插进社会深层，社会学家多年前就指出，这个楔子会给社会带来弊病，它把中产阶级分离为中产上层和中产下层，通过资本收益、遗产继承，以及不公平的子女教育机会等完成了阶层剥离。当前，对未来社会的恐惧已卷起地面上的黑褐色的残渣尘土，漫天飞扬。

然而，又有谁真正严肃认真对待这个问题呢？经济论坛上，那些未来研究家和趋势预测家们很是喧嚣。他们要求人们迅速彻底转变思维，他们极力宣传的未来职业是讲童话故事者、网络幕后操作者、监控管理员，等等，就好像国民经济可以真的依赖它们得以持续。他们不无理由地告诫年轻人，要有勇气成为"创业者"，不要把他们的小船系在自以为安全的大企业的港湾；抱怨德国缺少"允许犯错误的文化传统"，因为根本不容许人们犯错误；批评德国过分看重分数和毕业文凭，而不是看一个人的真实本领。但那些盘点德国习俗特点的人往往缺乏政治思维，这些听起来几乎都对的声音不过是一种用打气筒改变风向的尝试。

政治家们不如多办实事少些官僚。如果很多德国年轻人鼓足勇气去创业，其中很少人获得了成功，又很快被美国五大软件公司收入旗下，这又有什么用呢？这种情况确实到处都在发生。有哪些国民经济的问题因此获得了解决，又创造了哪些就业岗位并使之得到保障呢？只需看一下大西洋彼岸的美国，我们就可以清楚地知道，一个高度创新的数字化经济本身并不能拯救国民经济。硅谷繁荣发展的同时，各地的传统工业寿终正寝，由此导致大批的失业、绝望和拥护特朗普的选民。就连最勇敢的乐观主义者也不会相信，在目前的政治条件下，德国企业的软件开发（或许 SAP 例外）或者社交网络发展会对硅谷形成严肃有力的竞争而不立刻被吞并。

*

　　差不多经历了一百年，19世纪贫民窟里饱受剥削的无产者才逐渐成为有了一定社会保障的劳动者，多少积蓄了一点儿财产。取得这一进步不单是依靠企业精神，还有在社会压力下引入的社会福利立法。如果回顾过去几年德国联邦政府的政策，特别是社会民主党领导的劳工部的政策，很难发现他们有什么好的政治思路。当然，人们乐于见到最低工资标准的推出，毕竟覆盖全国各个行业的工资协议使很多工人和职员受益。但是，如果一二十年以后他们的工作岗位没有了，他们就不会再拥有什么了。如果有稳定工作的人越来越少，劳工还竞相售卖他们的劳动力，工会将会出现什么情况呢？在一个全新的世界里，还有谁会一如既往坚定地与工会团结在一起呢？

　　现在和未来雇佣劳动的消失关乎数百万人心理上的自尊。现在人们还能给他们的业绩能力定义为"道德"，准确地说，是追求职业道德意义上的"实力"。然而，我们即将面对的时代，对很多人来说很有可能赖以生存的工作不复存在，不会再有以钱的形式支付工薪的工作了。这意味着我们当前的社会保障体制或将终结。越来越少的劳动者不得不负担越来越重的社会保险，这是非常荒谬的。那么劳动社会的出路在何方呢？

　　我们不妨换个思路思考这个问题。我们有什么必要维持以前的所谓绩效社会？如果消除了单调无聊的、异化了的劳动，生产率由此获得提高，这又有什么不好呢？自从远古的智人和直立人第一次把燧石敲成有锋利边缘的手斧以来，人类就开始梦想通过技术更大程度地节省劳动力。遗憾的是过去的三次工业革命对此贡献甚微。生产率是提高了，但是，正如其所显示，对劳动力的需求同时也随之不断增长，减少并改善劳动的进步却无迹可寻。直到19世纪，英国、法国和德国80%的大众，其生活状况并不比古罗马时期的奴隶好多少。他们几乎没有政治权利，也没有私人权利，不是死于工伤就是死于职业疾病。卓别林的电影《摩登时代》形象生动地为我们展现了第二次工业革命后流水线工人的劳动场景，工人仅仅是大机器上的一个齿轮。今天有谁还会为过去的劳动世界悲伤？有谁会为19世纪末期地狱般的工矿和钢铁厂哀悼？又有谁还会怜悯农田里的辛苦劳作？有谁会在百年之后为现在所失去的无数枯燥无聊的工作后悔？或者怀念又脏又臭又危险的道路交通？

　　减少劳动或者完全不必为金钱而劳动，这是一个承诺而非诅咒，至少对于生活在一个相应持续发展的文化里是这样的。因为，人的价值不取决于以金钱为衡量标准的劳动效率，它并不是人类学的永恒定律。劳动效率完全是17世纪英国经济学的一个概念，会让我们联想到一些英国经济学家的名字，例如：威廉·配第，约翰·洛克，达德利·诺思，约瑟亚·柴尔德。人类历史经过数千年的演变发展，人类社会认识了其他形式的社会美德和社会差异。那么，为什么我们不能在生产率更高的层面上去发现新的道德概念呢？

　　问题并不在于用技术简单地取代雇佣劳动，而在于当技术失去管控，被应用于不道德的目的。令人惊异而又非常遗憾的是，在一些很强大的商业模式上这种情况目前经常发生。那些计算机专家、程序员、网络设计师不是为了一个美好的未来而工作，而是为少数人谋取利益。他们改变我们的生活和我们的共同生活体，却没有任何民主的合法性。他们成千上万次重复的承诺是要把我们的生活变得更"简单"，而不是更"民主"。让生活更简单的承诺仍是遥遥无期，每个试图简化我们生活复杂性的尝试，反而使我们的生活越加复杂。

如果说要我们对数字技术和它的推动者有所感谢，那就是日益全球化的同一文明。数字代码轻松地跨越国家和文化边界，用一种由0和1组成的技术通用语言横扫全世界，无论是在尼罗河流域还是在莱茵河或者亚马孙河流域，人们都可以无障碍沟通。最终迎来的是全球同一文化，一些人为其胜利而欢呼，另一些人为其损失而悲哀。

从文化的角度来看，每一次进步的同时又是一次退步。人类文化的生物多样性将变得越来越少。这一过程始于效率思维的凯旋进军，强化于它最有力的工具——金钱，唯一且只用数量衡量质量的工具。哪里有金钱统治，哪里就消除了边界。平静安逸的集市成为原材料、商品和投机商的全球市场。人们用文化交换富裕繁荣，我们相互适应彼此的生活方式，先是在欧洲和北美洲，然后在亚洲和世界各地。社会的差别和传统也被否定了，贵族或平民，天主教、基督新教或佛教，阿拉伯人、印度人或德国人，男人或女人——除了贫富差别外，金钱把他们变得不再有什么不同。如果说今天的世界是扁平的，正如《纽约时报》专栏作家托马斯·弗里德曼2005年在其世界畅销书《世界是平的》中所宣称的那样，不但世界像屏幕一样扁平，而且它的文化也是扁平的。[9]

　　同一性的逻辑就是金钱的逻辑。自从公元前 6 世纪小亚细亚古国的吕底亚人发明了钱币，金钱就一直试图打破它的物质界限。如果说钱币的价值最初还跟它的物质价值相符，那么后来它就越来越成为一种纯粹的象征。随着 15 世纪引入货币交换，18 世纪初期引入银行纸币，钱币就完全摆脱了它的真实价值，变得越来越虚拟了。这也不足为奇，在很多工业国家实物钱币正在消失，支付流通成为交叉立体的、没有现实价值的、没有灵魂的非现金流通支付工具，它在计算机上以毫秒的速度穿梭于高频交易之间。

　　这一切都是受效率思维的驱动，从佛罗伦萨到伦敦，越过旧金山海湾，效率思维为自己赢取了全世界，它扫平了全球的差异。它的终端是一个不讲究穿着、足蹬运动鞋的创业者，没有风格、没有立场，不再有传统，也没有传统意义的包装。它承诺人类，如果不能生活在自己的文化中，最起码还可以生活在自己的个体世界里：通过网络搜索、网络痕迹和路径形成自我。过去，人们遭受命运捉弄；如今，人们躲在自我陶醉的玻璃镜小屋，背后站着戴着面具的牟利者虎视眈眈地窥视着你。

　　充斥着众多个体世界的世界令人不寒而栗，因为它有双重荒谬性。表面上全面拆除了社会等级制度，实际却加剧了社会不平等。表面上许诺人们的自由越多，背后获取的越多。尤其是民主和社会秩序所依托的基石——启蒙价值遭到了破坏。马克思超越时代的观点再次被证实——所有重要的社会进程都是在人们背后的政治无意识空间进行的。

启蒙价值的处境令人担忧。未来社会，启蒙价值怎样才能得到拯救？如果说雇佣劳动的终结对很多人只是意味着数据而非劳动被分析和评价，那么数字化所许下的唯一诺言就会褪色。正如奥斯卡·王尔德所言，是拥有创造性的个人主义决定文化，而非异化了的雇佣劳动。

20世纪下半叶成长起来的德国人常常很难相信，西方文化的历史和经济形式不是一条无限上升的直线。经济繁荣发展给人留下深刻印象，尤其是在德国，人们很难对本国的经济秩序会持续不断取得胜利这一观点产生怀疑。怀疑的人会被看作是知识分子中牢骚满腹的人，就会被贴上"左派"的标签。从历史的角度看，这是一个离奇的论断。因为，坚信科技和经济势不可挡的进步正是左派最深刻的思想基础。科技应该不懈地改善世界，帮助劳动者获得权利、保险、教育和富裕生活。而右派和保守派却总是持与之相反的观点，他们认为西方国家的自由发展和自由主义的发展意味着传统、道德和价值观的衰落。

两百多年以来，激进的左派和保守的右派形成鲜明对立的阵营。今天，数字化革命的发展与非左既右的阵营全然不同。它不必属于左派，却对世界上每一种形式的保守主义都会造成普遍性威胁。它以一种最极端的游戏形式出现，且游刃有余。它躲藏在亿万用户的背后，可以在每个民主监控鞭长莫及的彼岸操作不透明的交易。它在设计得绚丽多彩的虚拟生命世界里，操控用户的行为方式，并且行使能左右人们潜意识的权力。对此，20世纪的独裁统治者们也只能是望尘莫及。而且，数字化无孔不入，它闯入所有的社会空间，包括汽车、住宅，渗透到朋友圈和人们的爱恨情仇。

终极利用一切、特别是从人类身上谋取利益的压榨掠夺行为，都是非人道的。对此多数人的看法是一致的。但是在很多富裕国家比如德国，这也让很多人感到困惑：一种经济模式，由于它的成功获得人们可以理解的首肯，但是同时它又造成文化和价值的丢失，对此人们同样表示可理解的悲哀。如果一个人被分割为百万数据，由此所获得的鲜明个性被装进袋子里出售给竞价最高的人，把他操纵为一个贪婪购物狂，那么，"个性"又该怎么解释呢？此外，更显而易见的是那些噪音、速度、广告和各种干扰尘埃，它们闯入所有的社会空间，挤进家庭聚餐的饭桌，降低凝聚力，打破安全、平静、隐退和独处的生活。

尽管我们的时代出现史无前例的繁荣（繁荣还总是不均衡），我们的社会仍然缺失乐观精神，这种情况并不奇怪。企业老总们用热烈的言辞在员工面前对数字化未来慷慨激昂，两杯酒过后就连他自己都不再相信数字化社会一切都会美好，更不要说将会更加美好。从经济层面看，世界内部正在四分五裂。一项艰巨的任务摆在了我们面前。捍卫启蒙价值、保卫生命世界，绝不是一个个体能独立完成的，无论是个人还是企业。因此，这项艰巨紧迫的任务就落在了政治家们的身上，他们必须帮助我们设计构架一个富有生命价值的未来。面对这个巨大的挑战他们成熟了吗？

我们正在重摆泰坦尼克号上的躺椅 [1]

——一项艰巨的任务

如果身处其中，我们很难发现自己身处于哪里。在罗兰·艾默瑞奇1998年执导的科幻电影《哥斯拉：怪兽之王》中，有一个情节是五位科学家在巴拿马一个巨坑里寻找恐怖蜥蜴的足迹。一个受核爆炸试验影响而发生突变的巨型蜥蜴据说在那里留下了足迹，但是没有人能找到任何线索。就在他们失望无奈之际，镜头向上移直指天空，并从上向下俯瞰，原来科学家们正处身于一个巨坑里：那正是巨型怪兽留下的深深的足印巨坑。[10]

提到这个故事是因为在数字化方面，德国目前的政客身处相似的情境。他们寻找着所认识的或似曾相识的东西，在圆规固定范围内移动脚步，却认不出任何东西，也找不到任何东西。数字化不是一个墨守成规、单纯的经济模式效率的提高，而是

---

1 "重新摆放泰坦尼克号甲板上的躺椅"，用来比喻舍本逐末，面临巨大危机却不合时宜地关注一些小事情。——译者注

二百五十年来我们经济模式的一次巨大转变，是世界历史范围内生活和价值观的巨大转变！数字化革命来势凶猛，全面覆盖现代社会，是跨越文化的、对个人自由的最大冲击。在这个不受限制的可操控的时代，我们如何以及是否还能保护我们的人民？

在巨蜥足迹深坑里的科学家看不见那个巨兽，正如德国的三位部长先生 2014 年推出的《数字化议程大纲》。这是一份毫无建设性的政府文件，没有真正的决策，没有设计思路，空话连篇。无论是在国家安全、数据安全、数据保护、专利保护，还是网络中立性方面，都没有仔细认真地推敲，也没有清晰明确地描述。情报机构希望能掌握更多的数据，公民则希望获得更多的匿名保护。《数字化议程大纲》中在地下铺设更多的光纤缆以便提高网速的议题，是唯一看起来他们知道想要什么的动议。

作为"指导方针"公布的《数字化议程大纲》，暴露了其不确定性和方向的迷失。公民怎样才能切实得到有效的保护，如何保障对社会和经济的保护与信任，这些在议程里都避而不谈。《数字化议程大纲》没有提及纳税人应该如何从高达数亿投资的宽带网中获益，也没有提及如何避免投机商从中牟取暴利，以及如何制止非道德的数据交易；既没有对未来的劳动市场的规划，也没有提出面对硅谷的数字霸权保护德国经济的措施。《大纲》无视可能发生的教育革命，网络战争的梦魇和威胁以及社交网络幕后操纵的危险；没有提及如何管控秘密情报机构难以估量的权力，更没有提及岌岌可危的民主的未来。总之，没有任何一个词汇涉及我们人类自身和我们的价值观。

"互联网对我们大家来说还是一块新大陆"，德国默克尔总理 2013 年说这句话的时候，发生了美国国家安全局窃听她手机的事件。这句话用来描述巨坑里的三位部长先生再恰当不过了。2014 年，德国部长显然受"窃听"事件启发提出了禁止谷歌搜集个人数据的限令。经济部长考虑要把大平台运营商化整为零，司法部长甚至要求数字运营公司公开算法。但是，所有这些提议都未写进《数字化议程大纲》，也没有一个目标被认真落实。四年的时间过去了，相应的法规还没有出台。

直至 2017 年国家政策里几乎还没有涉及数字化问题，至少没有在全社会范围内。2013 年大选最重要的竞选议题竟然是"高速公路收费法规是否适用于在巴伐利亚州级公路上行驶的奥地利汽车"。2017 年基督教社会联盟党 CSU 再次提出，要为那些躲避战争、饥饿和贫困而来德国寻求避难的难民设置"最高人数限制"。有着如此担忧的国家是怎样的国家！德国、欧洲和世界在数字化海啸过后将会成为什么样子？面对这个已经看得见的滚滚而来的海啸，政客们却拿不出一个计划、一个方案、一个策略。德国政治家们能够解决现实中的问题吗？我们是不是正在重新摆放泰坦尼克号甲板上的躺椅？

德国自由民主党（FDP）在德国历史上唯一的一次涉及数字化的竞选口号是："数字化改变一切，政治什么时候能改变自己？"不过，数字化改变一切，在自由民主党的议程里几乎同样没有得到体现。鼓励创新、加快铺设玻璃纤维网路，不足以成为社会变革的先声。更重要的问题是：数字化改变一切，那么谁改变数字化呢？

在我们的社会里，越来越多地使用数字仪器、电脑和机器人代替我们的工作，越来越多地允许人机互动，这是人类行为，与人类其他行为一样。数字化将改变我们的社会，这是确定的；但是如何改变，是不确定的。在经济领域、文化教育领域和政治领域里，数字化的发展轨道还没有铺就，它们远非简单的技术问题或者是经济问题。

奥地利哲学家马丁·布伯有一句超越时代的智慧名言："你不能只改变一点而不改变一切。"每个人都可以从自己的生活经验里体会这句话的内涵。如果一对夫妇生了小孩，或者孩子长大离家了，生活从此就会突然跟从前不再一样了，正可谓牵一发而动全身，更别说那些技术革命和经济革命带来的巨大变化了。我们现在正处于一个新时代的开端，我们的政治家们明白这个道理了吗？

让我们看看西方社会的政治。"改变一切"，几乎是政治所能想象的最后一件事了。过去富有想象力的政治家们力推西方一体化以及东欧政策，推动欧洲统一联盟，实现统一欧元。今天的政客们则是忙于亡羊补牢，忙于跟在大众媒体后指手划脚。这样的政治不能给我们描绘未来的前景，它仅仅是羞涩地取悦于广大民众，热衷于消灭异己，面对重大问题只会耸耸肩膀。它似乎没有认识到，如果数字化任由经济奸商操控，这个世界不会从数字化的潜力中获益，人们不会变得更加富裕，相反，它会使人变得更贫穷、更空虚，变得麻木不仁、不辨真伪；生活没有意义，工作失去经验感和成就感。这样的政治要求我们要缩小社会规范空间，以利于扩大市场的空间。被社会学家称为"自我效能感"的基本经验——一种有意义的感觉，经由人自己推测和判断得出的——在人工智能的世界里会是怎样的存在？会不会存在这样一种危险：由于数字化的发展，正如当前所发生的这样，越来越多的人，越来越少地参与生命进程呢？

对上述这些问题，政治家们认为这不是他们的专业，不是的原因在于不在他们的管辖范畴。数十年以来，德国的政治一直固步自封，坚持维稳，避免发生大的社会改变。要想改变，就要寻找目标；要想阻拦，就要找出理由。最近二十年，甚至更长时间，我们生活在一个理由多于目标的独断统治里，我们丧失的是战略思维。战略思维意味着，在未来建立一个目标，并且一步步努力实现这个目标。而在德国，长期以来是策略思维：实现短期目标——怎样才有利于获得更多选票。策略取胜优先于战略目标使德国陷于困顿，裹足不前。

我们更愿意把责任全都推卸给现任的政治家，然而这并不单纯是政治家个人的责任问题。想成为顶尖政治家的人不会受设计理念的驱动。即便是一个理想主义者，上任之初的水晶石般的棱角，随着时间的冲刷也会变成圆滑的卵石。官员们奔波在党内各级机构，对仕途望而生畏，这并不是导致国家止步不前的唯一原因。长期以来我们的政治家还被大量的信息洪流淹没，他们挣扎于令人窒息的时间紧迫感，要学会冷静应对各种冲动、各种新闻、各种问题和各种呼声，这些使他们在躁动不安、树欲静风不止的大风大浪面前，失去了锐利棱角，变得麻木不仁。对重大问题做出决定，会与他们的仕途发生矛盾，也会减少他们再次赢得竞选的机会。如同城市里的光污染会遮掩星空的光芒，当前的政治现状使任一未来的前景都黯然褪色。从这个角度看，数字化显得不像是人类行为，而是外来权势的指令，而德国的政治家和公民却没有关注它也没有反对它。当前，政界几乎没有人能自觉地负起使命，有勇气提出其他选择的建议，更不要说推动和贯彻。重大决策由欧盟决定，这是它们的职责，但是欧盟很少关注德国这些问题。如果勇敢的决定变成诉讼，那么最优秀的代理律师一定会与在帕洛阿尔托[1]和山景（Mountain View）付费更多的客户站在一起。

　　数字化未来，与我们面对当前紧迫的、向生态发展的经济转型问题一样，让我们同样感到束手无策。从环保运动初始到绿党成立；从"有机生物"和"生态"概念走出衰败的社区，到德国民众公共意识的形成，再到确定发展方向，经历了整整三十年。虽然这个共识现在被普遍接受了，但是在对生态造成危害的德国工业化进程中，这个共识一直未引起足够的重视。数千年以来，人们没有意识到他们所相信的——今天人们不相信他们所意识到的。我们知道气候变化，也知道气候变化会带来灾难性的后果，但是我们不愿相信它。无论是在日常生活还是在我们的政治议程里，我们都不愿相信它。政治议程一直还在讨价还价，至少对欧洲而言地球温度的增长应该控制在2度还是3度才能保持适宜居住。是的，我们知道，迄今为止我们的生活模式就是数量的不断增长——首先是消费、金钱、乐趣和垃圾的不断增长——这种生活模式是不能无限制地延续下去。我们还知道，我们需要一个全

1　帕洛阿尔托（Palo-Alto）位于美国加州旧金山湾区南部的一座城市，西部毗邻斯坦福大学。此地因拥有众多高科技公司而被称为硅谷中心。——译者注

新的、可持续发展的经济形式，我们尤其需要更多的时间，而不是更多的东西。但是，正如前面所说，我们意识到并不意味着我们相信它，更不意味着我们会采取行动。

如果我们面对的数字化是对地球未来同样造成负担的不承担责任的数字化，那么从启蒙运动和资产阶级时代所获得的成就很快就会消失，更不必说数字化将给生态带来的破坏。数字化未来的服务器所需的巨大能量应该从哪里获得？我们全部的生活模式恐怕需要进行一次全盘清点，需要建立全新的社会契约。那么，还有什么会比在经济动荡时代进行清盘更适宜呢？

我们试图将秩序带入数字化革命所造成的文明混乱。2016年公民倡议的《欧盟数字化基本法宪章》（简称《数字化宪章》）表达了对基本权利的严重担忧。[11]《数字化宪章》对基本权、防御权、给付请求权、平等权、参与权、基本权利的标准以及保护义务等给予了认真思考，这是非常有意义的。同样有意义的是国家和公民之间的权力之争也必须决出胜负。数字化赋予了国家监控手段，这些手段远远超出了乔治·奥维尔的小说《1984》所描绘的情况。目前，德国公民基本权力所遭受的来自网络经济泛滥的威胁远比来自国家的威胁更严峻。

在这个背景下，《数字化宪章》重申了公民基本权利，其中提到确定就业权，听起来就比较怪诞。如果在未来，根本就没有就业岗位提供给数百万的人们，那就业权就是一纸空谈。《数字化宪章》中还提道："工作仍然是生计和实现自我的重要基础。"对于无以计数的人们来说，事实上远不止低工资行业群体从未实现自我。让现行的雇佣劳动社会以一种已知的方式继续存在下去，恐怕不是一部宪章所能够承诺的。这一切都很清楚地表明，一部宪章的法律规定不能预先设定一个框架，让人们把瞬息万变的、充满动力的生活像打包装进小纸箱里那样放入设定的框架内。

*

毫无疑问，科技的进步是人类历史上唯一不可逆转的进步。但是，今天我们能够大量收集和处理海量数据，这不仅使数字企业成为顶级服务提供商，使情报机构的梦想变成社会的梦魇，还使政治瘫痪，使其无法应对挑战。政治的软弱无能以及一次方向性的改变就冲蚀了政治和社会的伦理。

英国 17 世纪的投机家和经济学家威廉·配第，因其冷静的数学头脑著称。他证明了管理统计论，只有数字才能给他留下深刻印象。配第认为，统治只有在可靠的数字和统计数据的基础上才有可行性，可以说这基本上是统计论的理性，政府根据统计数据做出决策。当今世界上的政治家们确定施政方向时也无异于此。在政治家的图纸上充满了统计数据、民意调查生成的图表。生活水平可以通过国内生产总值体现，个人的市场价值也可以通过财富排行榜体现。

人们为此付出的代价是政治创新的缺位。自从计算机可以在几秒钟内完成复杂的计算工作以来，对每个个体以及周边所有一切的量化，冲蚀了整个社会的伦理。重要的不再是质量，而是数量。因为数量很容易估评，所以传统对每个个体以质量评价为依据的评估工作现在大多已被淘汰。

受其影响最严重的是大学和研究机构。经济学家，还有更糟糕的社会科学家失落了以往的指南针而迷失了方向。今天那些具有决定性的人，还有哪些能像20世纪60年代或者70年代的政治学者、社会学者、教育家、文化学者和大众传播学者那样推进政治进程呢？在经验主义研究的苛责下，所有大学学科几乎都陷于困境。如果有教育学者或者社会学者申请科研资助，他的项目需要被评估和量化。在这方面做些有意义的调查工作本无可非议；立论、推论和介入，这些转变成可量数据后还会留下些许痕迹。但是对学校或者其他机构的质量评估，今天也都几乎只基于经验主义的评估方法，似乎学校或机构的质量完全可以用定量分析清楚地统计出来。面对这种没有灵魂的考核，当代哲学家马丁·泽尔[1]曾呼吁："世界可测量的一面不是全部的世界，它只是世界可以测量的一面。"

那么，那一摞摞统计数据的命运如何呢？幸运的话，说不定什么时候会有人想起它们，办事员会从数百页的研究和评估材料里整理出有用的准确数据；国务秘书把它们压缩成两页纸；政治家在某次讲话时会用到它们其中的三个数字。对于这种努力和功效，不禁让人想起尼采的一句话："在沼泽地里，绝望而冷落的青蛙歇斯底里地呱呱叫。"经验主义研究不具备高超的技术，它是供应产业链里的一种技艺。如果说数字化数据处理的昂首挺进是

1　马丁·泽尔（Martin Seel 1954—　）德国当代哲学家，法兰克福大学哲学教授，"法兰克福学派"第三代成员。代表作有《显现美学》，以及关于沟通美学与伦理学的《伦理学与美学研究》、关注自然问题的《自然美学》、关注电影美学的《电影艺术》等。——译者注

社会科学衰退的开始，也不算夸大其辞。因为，对数据越是力求科学上的精确，它们对社会就越是不重要；数据量越大，它们受关注的程度越小。

　　与之相比，孔多塞[1]的梦想就显得很浪漫。他在法国大革命的曙光里，如醉如梦地谈论科学的大举进军；科学在未来会把一切政治都合理化为社会数学，政治应该成为科学，科学成为政治。然而，今天的情况正相反，政治和科学比以往任何时候都更加背道而驰。二者不是获取共识，而是正如法国哲学家雅克·朗西埃[2]提出的"歧义"（la Mésentente），即介乎于非哲学的政治和政治的哲学之间。

　　如果我们不去诠释这个世界，而是对这个世界经验主义化，在"歧义"旁边挖一个坑，那就是在给渐渐衰退的政治和社会科学浇筑水泥使其坚实凝固。政治若不是从富有想象力的科学文化宝藏中获取灵感，它就是盲目的；科学文化若是对政治毫无影响，它就是虚空的。对此，咨询部门、理事会和委员会并非视而不见。他们了解当今的政治现状，只是他们更满足于沾沾自喜而不是去塑造政治。

1　孔多塞侯爵（Marquis de Condorcet，1743—1794）法国哲学家，政治家，启蒙运动杰出代表之一，也是数学家。他在生前最后九个月的逃亡生涯中完成了自己的思想绝唱《人类精神进步史纲要》，其进步史观成为法国启蒙运动的重要遗产。——译者注

2　雅克·朗西埃（Jacques Rancière，1940—　 ）法国当代哲学家，论述主要涉及文学、电影与政治哲学思考。专注于美学—政治研究，早期重要著作有《歧论——政治与哲学》，提出"歧义"观点。其《民主之恨》《影像的宿命》等著作，系统论述当代艺术的美学—政治，对当代民主提出批判，被称为当代美学界重要思想家之一。——译者注

　　为了客观地评估这种发展趋势以及它的社会后果，我们只需要提出一个严肃的假设：假如没有了电脑，没有了数据处理程序，我们的社会科学和社会科学的教授们究竟还能做什么？这个专业会朝什么方向发展？如果有一个"经验主义—暂缓"键的话，那会出现什么情况呢？很有可能，很多教授和学者不知道他们该做什么了。

　　在某些领域里，人们能够理性并成功地运用经验主义的研究方法，这是无可指摘的。要指责的是在社会科学领域里，经验论的要求使一些有具伟大传统的科学专业沦为提供数据的供应商。人们经常用"认识"代替"认知"，或者以为"认识"就是"认知"。一种认知能力总是跟个人的理解水平有关，认识则不然。所以，如果仅有知识，无论你积累了多少，都是不会形成正确行动的判断力、智慧和想象力的。

　　瑞士心理学家让·皮亚杰[1]认为，聪明才智是当人们不知道自己该做什么的时候所能做事情的能力。如果人们根据数字确定自己的方向，就会给自己的思维限定在一个狭窄的空间，在框架之内总是知道自己该做什么不该做什么。在这个意义上，量化代替了思维，剩下的就是维护判断能力和判断喜悦，维护价值观、思想意识和行为态度。西方文化的全部道德财富，从亚里士多德到康德，一直到法兰克福学派，都被结果主义和风险结果评估取

---

[1]　让·皮亚杰（Jean Piaget 1896—1980）瑞士心理学家，哲学家。知名于建构主义、发生认识论，提出认知发展论，被公认为是发展心理学最高权威。主要著作《儿童心理学》《儿童关于世界的概念》。——译者注

代了。20 世纪 60 年代，在蒂奥多·W. 阿多诺[1] 的批判社会学和阿尔丰斯·西尔伯曼[2] 的经验社会学之间展开的学术之争早已有了定论，西尔伯曼一方获胜。政治学和社会学之间有争议的和平共处不再产生精神。但是，恰恰是这种精神以及与此相关的范畴，是传统选民在竞选活动中向政治家所诉求的，即"内在信念"代表什么。

*

现代政治（欧洲各国现行的），被认为是有利于策略思维、符合高度灵活原则、"放弃伦理"的政治。从这个意义上来看，只有让技术官僚统治国家似乎才显得合乎逻辑。技术官僚的特点是，如果他们觉得不能准确地做出判断，他们会选择什么也不做。他们没有设定的内容或主题，而是被动地等待大众媒体推送的内容或主题：金融危机、债务危机、窃听丑闻、难民危机，等等，其中没有哪个事件是他们有所预判的，也没有哪个事件是他们了解的。由于没有制定未来规划，也没有树立信念，政治应对事件主题的随机性极具赌博性质——今天的独裁统治赌未来剩余的时间，一切都在运动中，却没有发生任何改变。

1　蒂奥多·W. 阿多诺（Theodor W. Adorno 1903—1969）德国哲学家、社会学家、音乐哲学家。其社会批判思想使他在法兰克福学派的批判理论中取得显著的学术地位。著有《多棱镜：文化批判与社会》《音乐社会学导论》《启蒙辩证法》（与霍克海默合著）等。——译者注

2　阿尔丰斯·西尔伯曼（Alphons Silbermann 1909—2000）德国社会学家，主要研究领域艺术社会学和大众传播。经验社会学代表。主要著作有《音乐社会学》《大众传播社会学》《论当前社会学危机的根源》。——译者注

　　乌托邦作为一支建设性力量已经消失了。我们在未来社会将怎样生活，几乎不再是由政治家们决定，而是由数字化革命的空想家决定：谷歌、脸书、亚马逊、苹果、微软和三星。面对这些数字化超级霸权，德国的政治家像是战略上的侏儒，他们早就把自己的权力拱手让出。数字公司对我们的数据有什么打算？我们的通讯交流方式需要有哪些改变，哪些最好应该保留？数字公司将史无前例、高度集中的权力和资本将用于何处？所有这些问题极其社会后果和连带性损害都将彻底改变我们的生活，而我们对此却没有哪怕一个字的发言权。与这些公司相比，联邦德国总理的权力之轻甚至不及鸿毛。

　　我们怎样才能摆脱只有经验论和反应论的局限？众所周知，文化传统不能依靠没有价值的描述（即描述文化自身发生了什么）传承延续，而依靠对它的解读、解释和思考，依靠对它的赞美、尊重和谴责，依靠接受或拒绝它繁衍生息。令人诧异的是，数字化并没有被政治家们严肃、道德地评价或阐释。相反，在德国，自由民主党天真地肯定数字化，部分左派党派全部地否定，其他党派则是很少给予关注和评价。

　　我们缺少差异化的态度。毕竟数字革命占领了人们的大部分已知世界，包括情感世界。数十年甚至数百年来的生活经验和知识不再适用了。如果所有的知识都可以通过一个按键立刻获得，教育还有什么价值？如果久经考验的东西在各地都失效了，我们该怎么办？如果忠诚的顾客得不到奖励，反而越来越多地被惩罚，只因为新顾客才能获得优惠，我们又该怎么办？如果医生、中小学老师和高校教授失去了权威，如果在各个职业领域里所积累的生活经验一夜之间失去了它的价值，如果我们在今天和昨天之间挖一个坑，它比人类历史上任何一个已知的鸿沟都深，我们又该如何应对呢？

所有这些问题我们都必须给予解释、归纳和评价。文化和文明不仅依靠事实而且也依靠其价值才得以生存和延续。道德的、社会的、精神的和政治的价值并没有因为它们没有出现在数字化的主流意识形态里而失去它们的价值。对于每一种文化我们都要问一问，它是否给人们带来更多的幸福，或者让人类变得更聪明、更友善、更文明。单纯的效率思维和资本利用逻辑不应该成为判断一种文化的唯一标准。如果我们从第一次工业革命的历史中学到了什么，那就是，单纯地把经济标尺作为衡量所有事物的标准，这是不道德的，它必然会导致社会走向非人道。

在这种情况下，目前有两种流派：一是对非人道主义视而不见，二是对此产生恐慌。这两种流派的观点都反映了图书出版物上：第一种流派主要体现在乐观主义的给人以勇气的文章，在作者眼里到处都是机遇。他们热情洋溢地谈论"无穷魅力"，尤其是赞赏那些使我们未来生活轻松愉快的机器和应用技术，还常常包括许多大同小异的故事。他们阐述了摩尔定律和芯片容量的成倍数增长以及芯片的性能提高，他们对柯达和诺基亚错失时代列车的故事津津乐道。他们同样都喜欢引用历史上误判的故事，比如，德皇威廉二世认为未来的交通工具不是汽车而是马车，或者美国数字企业家肯·奥尔森[1]在 1977 年的时候曾经说过的，我

---

1 肯·奥尔森（Ken Olsen 1926—2011）美国工程师，企业家，1957 年创办 DEC 计算机公司，开拓小型机产业。整个 20 世纪 80 年代引领小型计算机产业的潮流，是业内仅次于 IBM 的第二号巨头。——译者注

们没有理由认为人们在家里会需要个人电脑。

这一类的书籍倾向于使用简单的语言，善于用表格、图形、花边和可爱的图标。在他们看来，科技、社会和政治之间只是一种松散的关系。生命的困扰不过是"问题—解决方案"的无限循环，正像科技人员所想象的那样。无论如何，生命交织的多维性在现实中是不会发生的。技术的兴奋和快乐之彼岸是多愁善感和非理性恐惧，恐惧情绪是专业恐慌制造者煽动起来的。他们呼吁大胆创新，呼吁企业家的精神和勇气——这里所说的勇气是指欢呼数字化，或者从数字化里获取最大资本："全部生命就是一个市场，我们仅仅是消费者……"

第二种流派的要求显然比较高，他们分析数字化革命对每个个体、对整个社会未来的意义。这个画风的底色大多是阴沉的。他们支持白俄罗斯裔美国记者耶夫根尼·莫洛佐夫的观点，莫洛佐夫早在 2011 年之前就对数字化经济和互联网的阴暗面提出了警告。而在两年之后，这个阴暗面对德国总理默克尔女士来说还是一个"新大陆"。他们引用斯诺登所揭露的经济利益和秘密情报机构、数字企业和国家权力之间相互交织的有害关系网，警告人们，我们正面临巨大危险，这个危险已经发展到任何抵挡反对它的斗争都有可能遭遇失败。

以大企业家埃隆·马斯克和阴沉的瑞典人尼克·波斯特鲁姆[1] 为代表的这一流派，在美国早就赢得了对未来预测的话语解

1　尼克·波斯特罗姆（Nick Bostrom 1973—　）瑞典哲学家，在牛津大学创建了人类未来研究院，研究领域包括生物伦理和超人类主义，探索人类未来与科技发展的关系。著作《超级智能：方法、危险和策略》。——译者注

释权。世界上没有哪个国家像美国那样对数字化如此恐惧，这可以从到处充满了对世界末日的预言窥视一斑。相反，硅谷却显得像是一个火星飞地。相比其他工业国家，在美国这块土地上，似乎当前有更多的理由相信世界末日的预言。当德国的演讲台上还在倡议复制美国精神的时候，美国富有批判思想的公众舆论已经在思考如何制止向人工智能统治发展的进程。就连比尔·盖茨也作为说客再次加入了警告者的行列。他悲叹发展速度太快，建议将机器人控制作为制动器。[12] 然而，如果全蒸汽动力的机器已经从弯道上飞了出去才去更换制动液，那还有什么实际意义呢？

　　在德国，在网络的深处，在混乱的计算机俱乐部中，在所谓的未来研究所里，在互联网创业公司里，在少数大学里，更常常是在弥漫着酒精湿气和被技术陶醉的漫长黑夜里，描绘了未来的图景，准确地说是未来图景的碎片。一些或委婉或夸张的碎片，是对经济的高期望和对社会的巨大恐慌，是渺茫的希望和些许的安慰：一些零星片断，一些轮廓图和镶嵌拼图的碎片，但没有一幅完整的图画或一幅描绘数字化社会实际未来的愿景图。当然了，大城市将变得更绿一些，更加高效节能一些；医学将更加精确一些；老年人可以获得一个家政员和宠物合二为一的灵巧机器人；智能灯光将适应我们，把一切都显示在更美丽的光线下。但是，这些都不是社会上、政治和国民经济上应该预示的未来愿景宏图，甚至没有一个未来愿景的画框，画框中未来的我们可以用人类的色彩描绘，展示我们的希望。

　　政治家们只有在不得已的时候，即在公众批判性舆论的压力下，才会做出反应。我们需要的是一个积极向上的未来宏图。必然会有一种社会形态和经济形式，可能把我们从单调乏味的、常常是有失尊严的工作中解放出来；它甚至还有可能让我们摆脱长久以来我们默认的一个观点——一个人的价值可以通过所获酬薪的货币价值来衡量。

我们必须学会适应，数字技术的可能性不能只从经济竞争的一个角度来看，还要把它看作是开启良好社会模式的机遇。现在，中产阶级的肥沃土壤中四处涌动着新的生活方式。数字原生代，他们共享汽车，作为城市农民他们在屋顶上种植蔬菜和花草。这是富人的民俗文化还是我们社会的未来？这个问题的抉择具有政治意义，毕竟，向善的转变不会自己发生。经济学的逻辑本身不会产生有人类尊严的生活。自由选择生活方式是一项政治任务，如果政治不能承担这个任务，我们所担心的情况就有可能成为现实。为了更好地了解阻碍人道主义乌托邦发展的本质，我们先了解下反乌托邦，人们在数字化革命之初对新生活的不确定性是如何反应的，以及为什么会有这样的反应。

帕洛阿尔托资本统治的世界

——反乌托邦

2040 年，德国。2018 年出生的孩子们此时已经成长为年轻人，他们不再莽撞、懵懂、涉世不深。他们生活在一个由数据组成的矩阵里，这些数据告诉他们，对他们来说什么是好的，什么是不好的。早上醒来时，人们的面前会出现一幅难以辨别真假的全息图。图上有个一个帅气的男人或者迷人的女人，他／她会告诉你是如何入睡的，你做了什么梦，以及为什么做梦。他／她知道你的血糖、你的心搏和血液循环的指标数据，也知道你的激素状态。他／她给你的日程安排提出建议，并为你寻找今天需要的东西。谷歌和脸书这类公司把这一代人从"自由的独裁"中解放了出来。

在这个万无一失的生活里，长寿百岁的几率很大。人们所有的细胞都可以在实验室器皿里克隆出来，3D 打印机根据需求给人打印一个新的肾脏、一个新的肝脏或者一个新的"属于自己"的心脏。燕麦片变成了器官，而这一次真的是自己的。行走在城市里，大街上所有的一切都互联结网，传感器和摄像镜头监控人们的每一个行动。犯罪已不再可能，因为异常行为会立刻暴露。街灯会根据需求自动发光，商店里的商品价格视情而变，这取决于谁走进了商店，他当时的购物心情怎样。无人驾驶汽车根本不再需要调度——它能够辨识出人类，也知道人们什么时候需要它。人们周围大部分的商店仅仅是个空壳摆设而已，因为所有的商品都在互联网上供应，有无人机送货。人的生活伴侣也是通过搜索程序找到的，或者程序让人通过一个"偶然的机会"相遇相识，以满足人们古老的浪漫的心理需求。

钱还是有的，甚至比以往任何时候都多，但不再是硬币和纸币了。在已经成为现实版的《楚门世界》的幕后，堆积了海量的钱。很多人从国家发放的无条件基本收入中获得的钱，又巧妙地落入了还在工作的人们手里。两极分化的社会把舒适阵营中的高薪阶层跟众多社会底层分开。一方的子女从私立学校到精英大学，顺利进入大数据公司任精神高层。另一方则从事有机器人做帮手的低收入的幼儿园保育员、理发师和养老院护理员的工作，他们艰难度日，还常常失去工作。他们的子女通往精英的道路从一开始就被阻断，上公立学校的孩子们永远滞留在社会的底层。

最大的赢家是由全球投资人、企业家、投机商和极客们组成的商业联盟。对商家来说，数据交易即是一笔大单买卖，比单纯的金融投机数额还要巨大，还要稳妥。商家参与其中，因为在那里他们看到了金钱。伦理问题他们还从未考虑过，至少还没有从职业的角度考虑过。他们不必亲自打理业务，效率思维推动硅谷向前发展，远远比马克·扎克伯格和拉里·佩奇幻想的还要超前。商家的合作伙伴和供应商首先需是男性，这些男性在 14 岁的时候便掌握搜索算法，用算法有力地征服女人。在投资商的帮助下，第二机器时代的年轻卫士们实现了自己的梦想。他们不惧怕国家监控，因为他们还没有发现任何需要隐藏的东西。即使谷歌等公司哄骗民众在矩阵里昏昏欲睡，年轻的卫士们也不损失什么。如果一个人没有社交愿望，只有科技幻想，那么无论身处机场、火车或者饭店，他只会沉浸在自己的手机世界里，外部世界对这个人没有任何影响。这种人一方面梦想数字医学能使自己长生不老，另一方面又消耗很多能量和资源，以至于数字医学最终走向消灭人类之路，在他们看来这两方面并不矛盾。这些没有社交欲望的人步入老年时，期望太空机器人 R2-D2 护理自己，产生这种期许不会让他们感到恐惧，反而会让他们感到高兴，他们终于回到了自己熟悉的家！年轻的卫士们对别人从来就没有同情心，他们完成了规模巨大的重建工作，创造了 2040 年的世界：喜欢枯燥无味、缺乏冒险精神的人取得了胜利，虚拟生活战胜了现实生活！

　　硅谷崛起原因是多方面的，然而最主要归因于它克服了生活的不可控。应用程序和算法使人们越来越多地规避了生活的偶然、命运的不确定和生命的冒险，并从中挖掘出巨大的商机。GAFA（G 代表谷歌，A 代表苹果，F 代表脸书，A 代表亚马逊）的市场资本在 2018 年时还只是数万亿美元计算，到了 2040 年将达 50 万亿美元。在 2010 年代他们把商业巨头，例如埃克森美孚石油、中国石化、通用电气等大企业从价值最高的企业第一把交椅的位置上挤了出去，稳固了自己的龙头位置。到了 2040 年，早期老工业的龙头企业不复存在，它们尚有价值的部分也都被 GAFA 吞并了。马克·扎克伯格已经当了好几年美国总统；特朗普，这位老工业国家的疯狂总统早已归西。

无论欧洲还是美国，在还有能力的时候，都没能及时把垄断巨头关进笼子；在政府尚有权力的时候，错失了保护公民道德纯洁和自由的时机。在德国，阻力首先来自经贸工商协会，虽然协会非常不喜欢 GAFA 的商业行为和数据买卖，但还是非常希望能从中分一杯羹，它利用手中的权力极力反对禁止把掠夺侵犯私人领域的商业行为视为不道德商业行为。在这场游戏中人们根本不能取得胜利，更多人不得不面临失败。在 2018 年很多人对此显然不以为然，毕竟仅谷歌一家的市值就超过了欧洲所有电信业的总市值。期望通过竞争赶超谷歌，在 2018 年是不切实际的幻想。

第二大阻力来自德国的情报机构。德国联邦情报局（BND）、联邦宪法保护局（BFV）和联邦军事情报局（MAD），他们都很高兴能轻松愉快地收集私人数据。他们想方设法阻挠任何一个限制收集数据或者保护个人数据的尝试。德国各州内政部长们，由于恐怖袭击，在公众逼迫下不得不采取的一些反恐行动，跟情报局的愿望正好不谋而合。内政部每年都会通过媒体公布，因成功地进行了数据监控，及时阻止了恐怖袭击行动等相关信息。21世纪初，疯狂的伊斯兰教徒发动了恐怖袭击。生活在 2040 年的人貌似也没有理由追问情报机构，如果世纪初没有发生恐怖袭击，情报机构是不是就没有机会监控公共空间和互联网？位于柏林市中心的 BND 中心大楼，在冷战结束三十年后，是否还有必要修建得如此庞大，其规模远超过它在慕尼黑和科隆的旧址？人们不再需要文件柜，也不再需要储藏档案的大库房，档案资料只是体积很小的数据载体。如果 BND 中心的新办公楼比之前小一些，或许会更易于理解一些……

没有被滥用过的权力显然从来就没有过特殊的魅力。2018年的情况和以前相比或者跟 2040 年相比，没有什么不同。互联网承诺的无障碍沟通没有带来自由的春天，反而开启了全面监视的漫长寒冬。对此，西方国家很快就令人惊异地接受了。在互联网上坚持基本法，或者周末在咖啡馆里的演讲中称赞了自由的人，很有可能会受到监控。社会心理学所说的转移基线（shifting baselines）是指把一件事通过无数很小的步骤频繁地重复，使之逐渐转移到一个全新的维度。这些小步骤本身几乎不易被察觉，社会全面监控就这样在不知不觉中发生了。也正因为如此，德国人曾经一度成为纳粹，好比防晒霜的防晒指数从 3 号逐渐习惯到了 50 号。他们同样以这种方式逐渐接受了被剥夺自由的现状，而没有出现激进的抵抗。他们很高兴地接受了来自数字世界的许多小优惠：从汽车里的导航仪到无人驾驶汽车；从用于预防暴力的摄像镜头到智能城市——布满了不会放过任何一个行动的传感器；从对己方士兵没有风险的战争到系统地投放无人机，没有人因此再会暴露自己的面孔，也没有人因战争罪必须上法庭为自己辩护。

为什么德国公众没有进行哪怕是很微弱的抵御呢？也曾有人嘟囔了几声，但是，站起来反对某些商业行为和监控行为的人，很快就会被视为是疯子呓语和危言耸听，或者更有甚者，被视为科技和进步的仇敌。实际上这些人既没有反对科技，也没有反对进步，他们只是不想看到"某种"技术被投入应用，而是希望看到"另一种"科技进步。但是，这种进步喜欢戴着没有替代品的假面具出现。擅长宣传的说客们给它剪裁了一身漂亮的新衣，使它清晰靓丽地站在我们面前，以至于我们无法想象它还会是别的什么样子。

回顾西班牙人埃尔南·科尔特斯和弗朗西斯科·皮萨罗征服南美新世界的历史，我们会发现，16世纪中南美洲的西班牙征服者仅用了700人就征服了阿兹特克古文明帝国；一群只有160人的冒险家轻而易举地就占领了古印加帝国，恰恰是因为那时本土人没有认真对待外来的危险。相反，印第安文化还把入侵者看作是海外来的诸神。征服者们在当地煽动纷争，用新的想法诱惑当地土著民，甚至传播瘟疫。此情境与2018年德国的经济和政治的一部分极其相似，只是当局者并不这样看。他们看到的是自己健康的中型企业——德国经济的支柱；看到的是按居民人口计算，在全球市场上德国拥有比美国更多的重要发明专利。在很多方面德国视自己为全球市场的领导者，认为自己的文化具有极强的防御性。但是，德国射出的箭在敌人的盾牌上频频折戟，敌人的致命子弹却一个接一个地击中了自己。

德国的政客们从牧师和未来研究家、聪明的时代精神冲浪者、唯命是从的搭乘顺风车者，以及从顽固保守的海外商务代表那里获得了糟糕的咨询建议。很难想象，那些咨询顾问足蹬彩色运动鞋站在舞台上，光头戴着绿叶眼镜，休闲衫遮掩着啤酒肚，高声狂欢数字革命，狂欢硅谷的未来实验室。更不可想象的是，他们胸前拎着售货托盘叫卖"明日成功"的妙方，就像以前街头小商贩推销缝纫机丝线。在他们欢呼未来的时候，仿佛未来由他们创造，由他们决定的一样。有些人甚至相信，人们只需披挂上敌人的服饰，与对手系相同的领带，留蓄相同的胡子，敌人的神奇魔咒就会传递到自己身上，使自己的古老企业迸发奇迹。

　　乐观有时不仅使人激动，也会使人麻痹。如果它要求人们接受某一新事物，人们出于某种可理解的原因对其感到不舒服甚至怀疑，那么它会成为一种意识形态。有可能因为新事物威胁到了国民经济，也可能因为它所许诺的生活质量人们不觉得它更好，反而更糟。但是，硅谷过早地把"改变和发明"解释为自然法则，同时又把变革比喻为童心。"我主要是做了我喜欢的事情。"马克·扎克伯格这样告诉我们，听起来好像是他把儿童房间重新粉饰了一番。他还说，"我们早上醒来不是为了赚钱。"[13] 太好了，硅谷没有人认为赚钱是重要的。所以，这个美丽的新世界还有可能继续扩大，它根据我们自己的规则重新发明和塑造我们的生活。

*

　　2040 年，硅谷的全球企业都很喜欢回忆它们曾经势不可挡的崛起。20 个世纪的 90 年代，是野蛮西部的时代，那时互联网还只是一片只有零落拓荒者的普通荒野，它给大家许诺了一个更自由、更民主、更多表达机会的世界。2000 年前后，聪明的专家和企业家加入，他们得到了投机者的支持，用新的方式开垦这块荒地，精心地经营打理。通过封闭式协议，即用铁丝网把产业封闭起来，外人不得入内，他们给自己的基地起了美丽的名字，比如推特、脸书、领英、Instagram 或者 WhatsApp，等等。互联网企业之间相互收购股份，他们的产品成为抢手的热门货。像马克·扎克伯格一样，这些人在自由网络里搭建起人们喜欢的东西，然后又把它们变成受保护的财产，事情一直这样发展下去。终于有一天，互联网不再属于所有人，而只属于少数人，属于美国的 GAFA，属于中国的 BAT（百度、阿里巴巴、腾讯），属于俄罗斯互联网巨头 Mail.Ru 和 Yandex。

在新世界，没有有权有势的朋友或联盟，人很难独立生存。所以大数据的新人类很愿意跟国家的情报机构交换他们的信息。2010 年初中国计划建设社会诚信征用体系，推行市民信用量化评分。将守信行为与失信行为以及行为人区分，是件"令人激动"的事。[14] 计划从 2020 年起，在中国，人们不断自我完善，他们的行为无可挑剔。简单来说，社会诚信征用体系将人们是否遵守交通规则，是否孝敬父母，是否在互联网侵权，或者有无清除宠物粪便的行为信息收集。其中有些为重点监控，有些则不太重要。如果社会诚信征用体系分数从 1050 点降到了 600 点，那么这个人在社会上的行为会举步维艰。"有良好信用的人可以在天空下自由漫步，而失信的人则寸步难行"，这在 2040 年堪称典范。

但在其他国家和地方这个制度是非常敏感的。欧洲人和美国人爱自由幻想，但是事实也不全然这样。"我们知道你在哪儿，也知道你去过哪儿，我们还或多或少地知道你在想什么。"谷歌董事长埃里克·施密特的言论在 2011 年还曾引起惊愕和担忧。[15]

但之后这种言论没有再被重复提起，不久也就被人们遗忘了。中国有句俗语："若要人不知，除非己莫为。"[16] 早在 2010 年代，算法在美国就已经能判断出犯罪行为复发率会的可能性，以及处罚的严重程度。用数字存储档案的方式决定了未来的塑造。个体不再被视为意志自由，也不再被心理评估，而是被计算用数字作标记。如果有人曾经做了一件错事被曝光了，他很难会在任何一个地方被录用。医保公司会开始跟踪个人的营养和健康数据，对个人单独计算保率。同样，公司也会要求雇员出示血压、血糖、胆固醇、甘油三酯的指标和腰围数据，然后据此计算医保费用。

2010 年代，欧洲出于数据保护禁止了部分行为，但是到了 21 世纪 20 年代发生了微妙的变化，欧洲很快就跟美国没什么不同了。21 世纪 20 年时代的社会逐渐发展成了类似于 1993 年上映的美国电影《超级战警》里的样子，不再有暴利和犯罪，至少大街上没有了偷摸砸抢。不过人们还是注意不要公开说脏话，不要表达非主流观点，不要在公开场合显示性欲需求。互联网企业和情报机构之间有效而不幸的结合规范了这些行为，所谓不幸便是他们更加紧密合作，双方甚至人员交换。作为换取信息的回报，国家不再干涉他们的商业模式、间谍服务、数据交易，甚至给与广告资助，等等。

多年来哲学和社会基本价值观也随之发生了巨大变化。在 20 世纪，欧洲和美国等西方自由国家还引用启蒙主义，呼吁约翰·洛克、卢梭、孟德斯鸠和康德的启蒙精神，强调人人自由平等，呼吁人权宣言。人们从康德哲学中学会适当利用自由要有自己的判断力。这些在进步的 21 世纪中后期都已变成往事云烟，或许只有周末的饭后茶余还会被偶尔提及。人们以自律换取便利，以自由换取舒适，以思考换取幸运。启蒙主义的人类形象在布满监控传感器的美丽数字新世界和数字云里失去了立足之地。如果算法和掌握算法的人，对"我"的认识比"我"还更清楚，判断力还有什么用呢？生活成为了一种时间消遣。"成熟的"不是"我"的理智、"我"的意志和"我"对自己的认识，"成熟的"或者说因"成熟"而更"有经验的"，是算法里所记录的"我"的全部行为，记录不仅告诉我做了什么，我是谁，它还告诉我接下来我会做什么。在这个世界里，传统意义上的自由不再有它的位置了，充其量是自由幻想，就像人们有时候会需要看看绿色景观、有足够的体育活动和获得更多的认可。

21 世纪具有吸引力的词不再是"判断力"，而是"行为"。对于启蒙主义哲学家来说，人的行动是他意志决定的表现。但是 20 世纪初期历史翻页了，行为主义成为时髦，随之而来的是对生物体的一种新观点。在像美国心理学家约翰·华生这样的科学家看来，每一个生物体都是一部刺激和反射机器。生物体试探周围环境，同时获得刺激效应，它会条件反射地避免环境所造成的不适感，寻求带来快乐的舒适感。无论是明确的行为还是混乱不清的思维，两者都是以同样的模式工作，有时易察觉，有时不易察觉。生物体根据刺激和反射机制决定他的行为改变，只要对这一过程观察足够，任何时候都会对每个行为做出准确的预测。

把生物体的行为和技术系统联系起来还只是最初的一步，把理论付诸实践的是美国数学家诺伯特·维纳。1943 年维纳分析研究了第二次世界大战中的战斗机飞行员的行为，并创立了"控制论"——关于机器控制和调节、有生命的生物体和社会组织的科学。因为要首先分析行为，人们才可以通过改变环境而有目的地控制行为。维纳只是有个善意的想法，例如制作可以很好调控的假肢，他绝没有想到他的控制论思想会衍生出一种商业模式——从改变人们的环境发展变成有目的地操纵人类。后来他梦想有一个"自动机"，就像奥斯卡·王尔德所描绘的那样，可以替代无聊的人力劳作，也可以帮助人们测试自己的能力、完成自我教育、扩大自己的艺术才能。我们可以从他 1948 年出版的著作书名《人和人机——控制论和社会》看出他的态度。智能机器应该"有利于人类，帮助人类获得更多业余时间，帮助人类扩大他的精神视野，而不是为了赢利，或者把智能机器当作新的金牛犊崇拜[1]。"[17]

在接下来的几十年里，控制论分蘖出多种学科，从人工智能研究到行为经济学。最新的招式是"暗示法"，有针对性地投放，以促进产生所期望的行为，这种理论让美国经济学家理查德·塞勒获得了 2017 年的诺贝尔奖。他的同事，同样擅长这方面知识的凯思·桑斯坦，早于 2009 年已经转入奥巴马政府白宫新闻办公室工作了。无论是给机器编程序还是给人限定条件，都采用同样的机制决定和控制行为。从控制论的控制中获利，在 21 世纪已经不再是一个禁忌话题了，从谷歌、脸书等科技公司开始，这已经成为世界上最能获利的商业模式。获利的第一步是出售使用

1　金牛犊崇拜，出自《圣经》。摩西上锡安山领受十诫时，以色列人制造了一尊金牛偶像供崇拜。——译者注

搜索引擎或社交网用户的个人数据，把收集来的个人资料编辑成文件，再卖给最高出价者。第二步是以这样的方式分析数据，预测用户接下来的行为。通过信息选择或者购买建议（有时加以巧妙地隐藏），便可以时时控制用户的行为。用这种方法轻而易举地操纵目标群体的行为，可以满足企业的愿望，满足广告客户的愿望。如果用户有嫌疑行为，这种方法还能满足情报机构的需求。

传言，俄罗斯黑客 2016 年可能干预了美国总统大选，这在当时还闹得沸沸扬扬。现在大家知道，所有可以想得出的政府、企业、服务机构，或者组织机构，都会对选举施加影响，而且更直截了当，因为这种操作非常简便可行。轮流坐庄式的选举没有什么特殊之处。与日常中对个人数亿倍次的操控相比，操控选举简直易如反掌。社交网络不断改变环境，激发了用户的刺激和反射机制，人们的决定、愿望、偏好和意志由此受到操控。2040年，人们不再认同启蒙主义价值，也不再认同"'我'是判断力的决定人"的崇高人类形象。让每个人获得幸福，既不是必要的，也不是必需的。操控的民主看似真实，实际上通过民主选举出来的政客们根本不再有什么权力了。

从控制论层面看，21 世纪的政治不再依赖议员。如果大众是可以生成和控制的，为什么要把社会的未来交给大众？如果民主选举可以操控，为什么要把社会的未来交给脆弱的民主？雅克·朗西埃的后民主在 2040 年早已成为现实。政治被塑造成模型，被模仿，被媒介出售，技术官僚在后台或者前台做出决定。选举竞争作为安抚剂，仅服务于怀旧情怀、蒙蔽真实的权力关系。早在 2010 年代，他们就是这样操作的：压缩竞选纲领和计划，不再有现实生活，竞选纲领完全相同的两个竞选人之间的"总理竞选"沦为花边新闻小报上的八卦秀。正如英国社会学家科林·克劳奇于 2004 年观察到的，人们对公共机构和国家机构一贯的负面评价，导致了他们最终完全被剥夺了权力。这适用于经济领域也同样适用于政治领域：真正最有权势的是隐藏在镜子后面看不见的。

*

让我们再仔细看看 2040 年。在 2018 年许诺给我们一个美好世界的那些人，现在几乎夺取了全部权力。谷歌董事长埃里克·施密特的口号"连接世界是为了解放世界"透露出不恭。我们知道，只有很少的人能对电脑命令它应该做什么，更多的人则是听从电脑的指令，还有更多的人什么也做不了。过去很多工作需要有技能经验才能完成，现在都不再需要了，这导致人的手艺、方向感和教育史无前例的退化。人们忘记了如何驾驶汽车、如何看地图、如何在这个世界上独自找寻路线。人们不必再去记忆什么，因为电子仪器帮我们记忆一切；人们关于世界知识的存储越来越少，因为电子仪器替代我们存储。很多人在某些方面又变回幼童，对世界知之甚少，越来越依赖技术。这些人缺乏生活勇气，没有电子辅助设备甚至不敢离开家一步（或许很快就要在大脑里植入芯片了）；他们使用石器时代的象形文字互动沟通，孩子般幼稚地在喜恶中分享世界。

由于失去了判断力，人们很容易在金钱方面上当受骗。无论在虚拟的网络电商中还是在实体店里，所有的价格都不再可靠。价格取决于谁来买，什么时候来买以及买多少，这样就可以让顾客最大限度地花钱。智能机器运作成千上万的数据，让价格匹配消费者，使企业总是盈利，顾客总是吃亏。当有些人每天都在计算价钱，尽量使自己不要吃亏的时候，必然会有一些人会因此利益受损。比如，保险公司的长期客户、手机供应商和付费媒体的长期客户，在这方面他们会得到变相吃亏受损。企业对客户忠诚早已变成背信弃义。在这里同样是介入了"转移基线"原则，一切都以很小的步骤频繁地发生在日常生活里，直到有一天它们不再被人们察觉。昨日的非道德成为明日的常态。

在2040年生活的人们对此已经习以为常。人们穿戴着镶嵌了芯片的衣服，这种衣服向制衣公司透露你的实时位置。如果一个人经常去某个地方购物，他就会进入这家公司的视线。算法决定一切，在生活中的每个领域都有商品和幸福承诺。从虚拟世界中的浏览痕迹，人们可以推测出你是谁。相比人们对自己的认知，人们的网络身份在这个世界中被视为更加客观，也更加真实。人们的生活不是现实存在的，而是设计出来的，是按照计算出的需求而设计出来的用户平面。人们无处可抵抗，人的周遭环境就像极乐园那样聪明智慧，所有的东西都听从人的指令。在人们还没有喊它们之前，它们就会招之即来挥之即去。不仅是城市，居家也是这样智能灵巧，所有一切都可以在弹指间顺利完成。没有了犯罪，没有了危险，人拥有如此宽泛的自由，完全可以门不闭户，如同托马斯·莫尔所憧憬的乌托邦岛上的生活那样。不自由中的自由是多么的美好啊！在正确的矩阵里没有错误的生活。

只有那些曾经生活在另一个时代里的老年人不堪负重，他们得忍受超市或超大超市的不适感，没有人跟他们说话，因为超市根本就没有服务人员，只有那些带着稚气的大眼睛机器人，看起来像个吸尘器。不堪承受的或者还有那些无法记住上千位的数字验证码和密码的人，以及不会使用应用程序的人。2018年出生的孩子们在这方面是没问题的，他们已经习惯了记住密码和代码。

然而，当他们老了回首往事的时候，他们看到的不是一个完整的自然世界，而是只有就业和游戏的虚拟世界。虽然他们的父母还在2018年的时候，还可以认识到"世界"的价值在哪里，生命的价值是什么；能够理解生命是通过幸与不幸的经历、尝试和挫折塑造而成的。人年纪越大，越发会意识到自己童年时代情感的、创造性的和道德的基础有多么重要。然而，在2010年代，父母让孩子们避免了几乎所有可能的挫折经历，保护他们潜入技术的海洋；在这个没有自己参与设计的超级世界里，孩子们不必担心没有经验的风险。父母虽然在孩子每个细节中准确发现了孩子们的天赋，把视频上传到推特网上，但是同时父母也意识到，孩子们的手指技能是怎样地退化了。他们非常清楚，孩子们花费在智能手机和平板电脑上的时间绝不会被其他方向取代。相比崇高的教育理念，对父母来说，更重要的是孩子们不再纠缠烦扰他们了，平板电脑给孩子们带来了更多的乐趣，父母也因而获得片刻的安静。

到了2040年，20世纪20年代初期出生的那一代人，性格在很大程度上具有了其诞生时就被市场研究所定义的目标群体的特征。他们首先不是人类或公民，他们是客户、用户、消费者，他们自私、急躁和懒惰。从他们出生那天起，铺天盖地的、投入巨额资金的各种广告就浸透在他们的生活中，诱惑他们、呼吁他们要比别人更有优秀，要让别人羡慕自己。他们可以立即得到想要的一切而不必付出任何努力。

这些孩子拥有父母给他们的无限关爱，长大后又永远无法从他们的生活伴侣那里得到这种爱，所以他们不停地寻求幸福，因为他们越来越不满足愉悦感中间的平稳状态。他们在日常生活中对不同寻常的个性需求是巨大的，他们的生活须像快速剪辑的电影，要不断有惊喜和高潮，不接受平淡同时又不得有任何危险。他们寻求最佳效益，但凡涉及付出时间和金钱的时候，一定要追求以最优惠的价格获得终极体验。他们的生活屈服于独裁，他们所做的一切只有一个目的——多数情况下只是为了追求享乐。他们渴望极乐世界，正如 2013 年美国同名电影《极乐空间》里的情景，有特权的人们在极乐空间里欢庆美丽多彩的生活，而地球上经济衰败，人口过剩，河流干枯。由于真实极乐世界里的空间始终是留给有特权的人的，极乐世界的居留权也只有特权的人可以继承，所以统治者用数百万有用或无用的廉价工业产品来娱乐所有普通民众。现实与虚构之间的界限在日常生活中变得越来越模糊不清了，渐渐地这个问题也就不再被提起了。

久而久之，人们不得不容忍超大城市，容忍我们星球正在被毁灭的现实。对此，2040 年的统治者跟 2018 年的统治者们一样无动于衷。没有哪个数字超级大国认真对待这个问题，相反，他们总是用丰富多彩的明亮光束交织照耀在这个发霉腐烂的世界上。完全虚构的社会将苦难、贫困和环境灾难等作为信息显现出来，轻轻滑动刷新，就再次变得绚丽多彩而丰富有趣。众所周知，在极乐世界的边境上堆积了成千上万的尸体，那些人因为要挤进有基本保障的数字涅槃世界而被杀。这种事情跟2018年的工业畜养牲畜一样残忍，也很少唤起大众的道德意识。虽然不对，但是也别无选择。

在2040年生活的人长生不老的几率很大。健康状况被时时监测，各种指标数据被采集，分分秒秒都被分析测定，至少医疗保险公司是这样要求的。基因技术和再生医学显示出真正的奇迹。只有老年痴呆还不能治愈，也许是因为老年痴呆的研究在2040年不如动辄数百万的标准化美容那么有价值。成功挤进极乐空间的人，最好是在那里出生的，年老时就会享受到真人的护理，他们是聪明漂亮的男/女护士，整洁标致得就像是牙膏广告里的模特。不属于极乐世界的人只能得到可爱机器人的护理，这些机器人柔软的皮毛外衣下面是冰冷坚硬的手臂。所有一切都很完美无瑕，因为体内区别生物和非生物的生物钟早已停摆了，人们对自己身体状况的感觉同样也消失了。人的身体状况只有机器才知道，机器只是延长了的"我"，是"我"的主人，"我"的守护者。机器帮助人们摆脱困境，那恰恰也正是人们现在所面临的困境。

2040年的人类失去了对自己身体的感觉，也丧失了普通的生物本能。人跟电脑的关系比跟其他动物的关系更为亲近，人早已丧失了跟大自然亲密接触偎依的感觉。2040年的世界，跟直接来自大自然的经验不再有任何关联了。人所面对的是出自人类与机器之手的、文化世界与科技世界相融合的世界，这个融合世界没有超感官经验。人类越利用技术统治大自然，被统治的对象就越没有灵魂。

现在只有技术的噱头还会令人激动。它被摆在消费者的殿堂里，被装饰得金碧辉煌，人们把它当作偶像崇拜。维纳对金牛犊崇拜的担忧，早在21世纪初期的苹果店里就得到了证实，人们在庆祝科技成就时深深沉浸于集体自我陶醉。只有人类创造的东西才有价值，大自然的天然造物被贬值，不再会引起任何轰动效应。对孩子们来说，大自然缓慢的速度、一目了然的维度只会让他们感到失望。现实世界无法抵御模拟世界，感觉维度如"家园""自然""本色""真实""安全"等正在破灭消失。未来不再有人还知道这些曾经是什么，他们缺失了什么。2040年人类生活在一个数字无家可归的境遇中，到处是以比特和字节为家的人，他们的灵魂流离失所。

在硅谷没有等级制的大办公区，有圆形的创意写字台，有健身房，有大落地窗，高层很重视这些，他们要让极客们在浸入式围栏里有舒适感。那是一个多么自然的世界，好似坐落在尼罗河畔的西班牙马洛卡岛的夏威夷。这里居民的生命世界缺乏经验，到处充斥着通过媒介获取的图片。这里没有人探讨饥饿、世界不公、难民移民、星球资源掠夺等问题，看来极客们对这些问题也都一无所知。当别人思索着前所未有的解决方案的时候，他们心安理得地为增加世界的真正问题做贡献。这让人们想到3D眼镜，这是一家东亚的公司在2010年代末期发明的。在汉莎航空飞机上，眼镜给每个乘客展现了电影中他的度假之地的美妙之处，以至于真实的度假之地很有可能非常令人失望。没有一个真实世界能兑现电影里所许诺的憧憬。某些乘客戴着电影《星球大战》中达斯·维德的面具，透过飞机地板能看到脚下的世界是如此贫穷得可怕，直到他们看得恶心呕吐。人类对现实生活的本能感觉消失了，人们不再倾听世界的担忧和危机，而是梦想人机一体；更有甚者，制造超级人类……

*

难道超级人类就不再需要干净的饮用水、热带雨林和海洋生物了吗？超级人类就能应付地球上的每一种气候吗？奇怪的是，谷歌副总裁赛巴斯蒂安·特伦在 2016 年陶醉于"超级人类"的时候，丝毫没有考虑这些问题。"人工智能有可能使我们变得更强大，远远超出我们目前的意识和能力、自然和生物的界线。人类将能记住所有的东西，认识每一个人，能创造现在还完全不可能制造的、或者完全无法想像的东西。"[18] 奇怪的是当时并没有人对此流露出喜悦之情，因为，记住所有的东西、认识每一个人，这个目标是如此天真愚蠢。更奇怪的是，在特伦回答记者的问题"你下班后回到家里做什么？你怎么给自己关机？"时，他说，"我没有开关，我和我的家人共同继续努力让世界变得更美好。"听闻此答案，记者不禁掩口大笑。

特伦承诺的世界到底让人幸福还是让人疯狂？在世界人口不断快速增长、地球的生命资源快速消失的同时，人们真的应该像特伦和他的朋友们那样努力战胜死亡吗？人类失去了作为哺乳动物的本能，不知道如何在自然环境中行动，也不知道该如何适应自然。自资本主义经济伊始，人类对待自己的自然环境就像是病毒对待它的宿主，病毒侵袭、剥削、摧毁宿主，然后转移扩散，直至它再也找不到合适的环境为止。

2040 年依然是由这种破坏性的生活方式决定一切。把人类改造成技术超人的幻想还没有清除，非人性的技术崇拜还继续膨胀。科技成为一种宗教，它许诺，到了 2060 年，死去的人可以被数字存储在一个矩阵母体里，大脑被数字保鲜存储，轮回转世的预言有望通过科技兑现。所有这些，谷歌工程发展部的总监雷蒙德·库茨维尔[1]早在 2010 年就已经预言过。可是，他没有想到的是，长生不死在地球上已经不可能实现了。因为在 2040 年人类探索长生不死方式的时候，人赖以生存的能源和资源已耗尽，毁灭了自然的同时也毁灭了人类。

人类将永远不会获知，是否有一天，会像技术预言家所预言的那样，"奇点"时代仿佛自然法则一般突然开启，即人工智能时代将宣布人类世（Anthropozän）的终结。在超级智能敲响人类终结的丧钟之前，地球就已经无法居住了，至少人类没有必要恐惧和担心第五次工业革命。美国电影导演斯坦利·库布里克在其影片《2001：太空漫游》里预设的情景——人机间的智能大战也没有发生。关于怎样给人工智能配置人类善良道德的问题，也是

1　雷蒙德·库茨维尔（Raymond Kurzweil, 1948—　）美国科学家，未来学家，谷歌工程技术总监。著作《智能机器的时代》《奇点临近》中提出了他对未来的看法。他预测 2045 年人类将成为生物和非生物的混合体。——译者注

尼克·波斯特罗姆[1]在其所生活的年代一直研究的"超人类主义者"的问题，最后也没有再提及了。人类在 2070 年，没有邪恶超级机器人的授权就自行毁灭，因为人类仍然继续在修缮人工智能，而不是用人类禀赋的自然智慧去解决日常问题。支离破碎的超级计算机、巨型服务器和几乎无所不能的智能机器人被遗留在地球上，好像宇航员的旗子、机动车、探测器和卫星天线遗留在了永恒寂静的月球上一样。然而，地球上的这些残留遗物经过时间的蚕食，百万年光阴后还会留下什么痕迹呢？恐怕只有席卷尘埃轻拂而去的微风了。

1　尼克·波斯特罗姆（Nick Bostrom，1973—　）瑞典哲学家，牛津大学哲学教授，人类未来研究所创始人。经常就伦理、政治、未来研究和超人类主义等发表主题演讲。主要著有《超级智能》《人类偏见》。——译者注

往事永不消失

——回归乌托邦

每个社会都有它的历史，历史给我们的生活浮雕刻下了深深的痕迹，也和我们的生活享有共鸣空间。历史，我们只有知道它是什么、如何形成的，才会正确认识它。人类是生活在三个时空中的居民：过去、现在和将来。往事永远不会消失，因为它从未成为过去——只要它现在还存留在人类大脑里，它就永远不会消失。未来本身也从来就不是一个许诺，它始终存在于现在的视野中，抚慰现在的忧虑。

人类生活的困境和紧迫并不遵循"问题—解决方案"这一循环模式。我们生活中几乎所有重要的和有价值的部分，既不是问题也不是解决方案。我们的矛盾和特点、我们未经加工的经验、我们眼花缭乱的记忆、我们悲怆的激情、我们的成功和失败，这些都不会由于找到了解决方案而消失。未来，如果没有被辛酸的、历经磨难的、值得珍惜的往事洗礼，是不会来临的。人们喜欢自身的本性，常常超出自己的认知。人们重视经验，因为这正是自己的人生积累。

　　人们希望从动荡中直接获益，很少重视或者难得重视一次具有破坏性的震动，这并不奇怪。一般来说，人们更喜欢在时间和空间中感受传统的、符合习惯的和可持续的坚实土地。当前社会各方面都在飞速发展，科技突飞猛进，昨天还是正确的东西今日可能就会被否定。这制造了一种社会恐慌，并非简单的、非理性的恐慌。很多人的恐慌可能只是感性的，但绝对是理智的。从人的进化初期开始，各种疑虑恐惧就确保了人类的生存。头上一片瓦，足下一方地，拥有可解读和可理解的生命历程，这些在生物学以及心理学上都是非常重要的。现在有这么一种经济模式，消除了地球上所有空间的界限，急速地连根铲除各种文化差异，以新生代替传统，把扁平的社会分化为贫富两级，到处唤醒人的需求和奢望。在这种经济模式中，心灵家园不再重要了。我们的时间感觉也在发生类似的变化。我们的经济模式把这种加速改变视为信仰，它以生存为代价推动发展，不停地威胁人们的过去和历史。悠久的传统已然风光不再，因为它过时了。

　　人们在20世纪的时间和空间坐标如今已经消失。那时候的共同经验和人类的共性正在被迅速地抛弃、忘却。数字化的鼓吹者们，正如我们迄今为止所认识的，不关心人们所追求是否完美又正确，也不关心这些是否与人们的价值观相符。他们关注的是，人们是否能及时地赶上发展以便不错过末班车。就这样，道德问题变成了时间问题。未来社会不是通过判断、评价和表决来决定，而是以"事实强制"决定。从这个意义上来说，高速发展弱化了道德观念：数字化第一，思想第二。

　　如果一个人认为过去和现在不是可持续的，至少不是连续的，那么他就不会对当下产生的大量疑虑而感到惊讶。2018年的德国还没体验到2040年反乌托邦的那种无以言状的生活。如果2018年的经济论坛观众席上坐着身经百战的老灰狼不想听技术大师职业乐观主义的吹嘘，你责怪他们吗？如果退回到过去美好时光——经理人还会说德语；东西质量不错，还能证明是可靠的，你还抱怨吗？父母和孩子们在一起看糟糕的电视节目，在餐桌上还有语言交流；那时的男人还是男人……你还责怪那时的生活吗？人们开始觉得，技术专家从来没有真正理解人类，金融投机家不重视人类，为什么要把自己的未来托付给他们呢？

　　人们感觉到了，但是很少能找到合适的词语表达。持怀疑态度的人谨小慎微，不敢大声批评，他知道没有人关心他对社会的不适和不满。他也不想让自己被当作废铁打上老顽固的标记。是啊，人总是害怕动荡。19世纪初，机器的发展没有让人意识到时代风暴即将来临，德国皇帝威廉二世还大谈特谈未来社会的马车。工业革命过后，（几乎）所有人都更自由、更健康、更富有了。如果进步对个体来说过于强大，那只能说明个体太软弱了。"渔夫朋友"[1]的逻辑会让每个灵魂流离失所的未来怀疑论者在经济中获得慰藉并保持沉默。

　　未来怀疑论者独自默默担忧，昔日正确的和有意义的现已不再。职业要求他与时共进，但是他看不清前景也无法预测未来。

1　"渔夫朋友"（"Fisherman's-Friend"）是1865年英国一位药剂师为渔夫们研制的一种强薄荷口味的喉片，以减轻渔夫在恶劣环境中作业所引起的呼吸和晕船问题，一直很受渔夫们的欢迎。这里可引申为安慰剂。——译者注

他对未来的感觉——昨天的知识和技能在数字化时代不再有价值了——成为他前进道路上的绊脚石。他还能给孩子们传授什么呢？他的生活智慧和思维习惯、他的技术知识和礼仪习俗如同古董家具一样过时了。祖父母一辈子所守护的，现在正以十年一变的节奏发生变化。还有谁会需要他的书籍？他的孩子们甚至连一个书架都没有，他更有可能永远无法对孩子们说："你们要像我一样做事！"

是的，人类的思维、感觉和兴趣看起来不再被人们关注了。对于18世纪的爱尔兰作家和政治家、深于世故的保守主义者埃德蒙·伯克[1]而言，那些却是唯一权威的坚固砥柱。决定社会凝聚、繁荣和发展的不是法律，不是有签名落款的文件，而是"这个社会的共性、相似性和彼此的同情心"。"风俗习惯和生活习惯""是来自内心深处的责任感"，[19]给社会提供了凝固剂。显而易见，数字企业在行使统治世界的新权力时，很少用心关注确立原则、建立礼仪和习俗的权威。数字革命不仅仅是对就业市场和共同生活的一次冲击，也是对大众美学的一次冲击。时尚和语言用同一标准规范，德语成为英德混杂语，就连艺术创作也被规范化了——被围栏圈进了大办公室和未来实验室。我们看不到格调、高雅和风格，也看不到地区特色和新的传统文化。数字文明所到之处，没有任何一家数字企业主动适应本土文化。相反，数字企业的连帽衫和运动鞋的"同一文明"极具侵袭性。无论是德

1　埃德蒙·伯克（Edmund Burke 1729—1797）英国政治家、哲学家，属于古典自由主义和现代保守主义学派，有影响力的著作《对法国大革命的反思》。——译者注

国人、马赛人、吉尔吉斯斯坦人还是 IS 伊斯兰恐怖分子，都使用智能手机。这对伯克所言的"风俗习惯和生活习惯"来说，远不够起到社会凝固剂的作用，手机尚不足以促成价值观共同体的形成。

这个世界应该摆脱这种状况变得更加美好。数字企业无视人类生活和共同生存的复杂深奥的特点，大大地高估了人类变革的潜力和变革的必要性。他们制造不安、嫉妒和仇恨，铲除传统文化，无意创造人类和平。统治应该基于同意和认可，而不是依赖被狂热神化的理想——无论是道德的、绝对正义和完全平等的，还是被贱卖的救赎幻想的技术。使用谷歌引擎搜索，或在脸书、Instagram 和 WhatsApp 上发布信息，只意味着用户只是有意识地同意其中一项服务条款，而非同意深奥莫测的数字企业大佬对全球统治的要求。

目前在西方国家所发生的并没有基于同意和认可，这是很多人的感觉——尽管那里有自由选举的权利。关于全球一体化或者同一文明的问题，没有任何一个地方举行过公民投票，但问题导致的后果现在已成为舆论主题。特别是人的流动性，只要有可能，便始终追随资本流动。

在今天的欧洲，人们都在讨论全球一体化，特别是全球一体化带来的后果。被风暴吹来的形形色色的年轻人，拎着塑料袋、头裹围巾、身着人造革外套，带着他们不堪的人生简历和没有实现的梦想涌来。他们的出现不是什么事情的起因，而是经济学家造成的后果，是生活机会不平等和资源不均造成的结果。德国跟欧洲其他国家或者美国没有什么不同，很多人都梦想有一个封闭的船舱，不必跟别人分享自己舒适的矩阵。可是，船舱不会只有阳光面而没有阴暗面；不会是数字极乐园；不会是年迈的、接受美容手术的用户和消费者的文化和文物保护绿洲；也不会是一个被自然保护储藏起来的、由气候变化带来很多新鲜花卉的、给富人专享的疗养地。

　　人们怀念美好的昨天、怀念幸福的过去，这是德国当前普遍存在的现象。很多德国人憧憬回归乌托邦的社会，抵制可能会出现的数字化反乌托邦。与算法相比，大街小巷上的难民更显眼、更吵闹，对许多人来说也更令人惶恐不安。与反乌托邦不同，回归乌托邦无法表现自己。出于恐惧、不安、苛求、攻击和仇恨，在德国集市上和啤酒馆里的德国人高声疾呼"德国！德国！"但是，德国到底是什么？德国人究竟想回到哪个德国？意大利比萨店、日本寿司店和土耳其烤肉店难道不属于德国吗？智能手机是德国原产的吗？互联网冲浪是传统德国的吗？德国曾经是一个什么样的国家？今天德国还是商店很早关门，人们自觉去教堂，教堂里总是坐着大学生的国家吗，还是大街小巷遍布出售德国传统小煎肠和吉卜赛炸猪排饭馆的国家吗，还是20世纪70年代之前的流行歌坛被持"容忍居留证"的外国人统治（如瑞士歌手维寇·托日亚尼、意大利歌手卡特琳娜·瓦兰特），之后又被外国移民歌手（如罗伯特·布朗寇、维琪·黎安托、迪米斯·卢索斯以及巴塔·伊利斯等）引领潮流的国家吗？今天还有什么是原汁原味德国的，是高速公路上的蓝色指示牌，还是哥特体印刷花体字，还是腌酸菜？

　　德国新政治运动团体，德国选项党（AfD）[1]在集市广场上鼓吹德国悠久的历史，尽管有些黑暗记忆不堪回首，这也是事实。但是，如果这个历史在21世纪走向终结，则不能简单地归结于难民潮。由于商品和服务产业的全球一体化，德国正在急速废除自己。德国人平均每天在无形的"地球村"里消磨的时间，远远多于在那个有风有雨有足球的有形世界。他们庆祝圣诞节，在没有灵魂的全球连锁店里购买节日礼物，无论是在迪斯尼乐园的连锁店还是在互联网上的电子商城，都是一样的。

　　相反，极右翼鼓吹的德国不过就是一个啤酒梦幻乐园，是一个不可想象的美妙国度，因而现实也就不存在。事实上，我们早已生活在一个普世文化中，在这里，无论是叙利亚人还是德国人使用的数字玩具可能是美国发明的、在韩国市场营销的、中国组装的，装饰原材料钴是刚果开采出来的，这些并不重要。

　　不管怎么说，德国人要么是受到了世界文化的青睐，要么至少是把世界文化当作经济自然法则接受了。人们对德国的想象——一个单一的民族、一片安全的国土，一个封闭的经济空间——可以追溯到19世纪。在21世纪的扁平世界里，市场经济把一切夷为平地。金钱不认识国家，也不辨识语言。这不是政治的缺失，而是世界历史的进程，受到蒸汽机和繁荣机的经济利益驱动。如果德国选项党出任总理，恐怕没有什么比德国更德国化了。德国人又像以前那样早婚生子，辛勤营造一个小小的田园生

1　德国在野反对党，2013年成立于柏林，被主流社会认为是德国极右翼民粹主义政党。——译者注

活，但这些都不会给我们带来任何改变或进步。德国的田园生活作为灵魂避难所还将在很长时间内履行它的庇护职责，但是，这只是在无所不囊的互联网世界里的一种感觉，而绝不是可以支撑身份认同的依据。

如今要描述全球经济矩阵，首先想到的不是步履蹒跚的快餐连锁企业，而是无所不能的数字工业，这在美国政治学家本杰明·巴布尔的时代还不可能预料到。我们这个时代的"同一文明"相比互联网世界描绘得更加清晰，它是一部齿轮机器，塑造、改变我们的世界，让不同部落的文化斗士成为跑龙套的临时演员。他们轮番上阵，是我们这个时代血腥的、喧嚣的甚至变形的社会现象，然而他们终将无法阻挡世界历史的进程。在当前，赢得胜利的是那些相信市场无形巨手的人，而不是相信其他无形的力量（比如上帝、荣耀、家园）的人。

保守的民族主义渴望故乡、崇尚传统价值、恪守宗教义务、强调文化认同和权威信仰，他们不信任外国人，相信在四面楚歌的恶劣环境中自己是勇敢正直的，感觉受到了凶猛主流的冲击，认为自己没有受到社会重视、没有被正确理解。他们给我们这个时代的保守派描画出一幅怀念过去快乐时光的景象。因为，以前可能一切都很美好——如果不是以前的以前曾经更美好的话。

这里要讨论的并不是保守主义的不断回归，而是必须严肃对待我们这个时代保守主义的防御性反弹。因为，对很多人来说，有重要意义的、守护他们心灵的价值观实际上正处于危险境地。被嘲笑和被讽刺的只有保守主义者那些愚蠢的过激行为，比如，欧洲爱国者抵制西方伊斯兰化运动[1]，这个运动的名称本身就很可笑。欧洲爱国者指哪些人，是指以欧洲为其祖国的人，还是指保卫其祖国在欧洲的人？爱国欧洲人和欧洲爱国者之间到底有什么区别？这只不过是一出喧嚣的闹剧。

　　一个严峻的问题在于，保守主义看来无论怎样乔装打扮都不再适应我们的时代了。在全球化的世界还应该有什么必须留守在家园里？从德国南方的施瓦本山脉到北方的德累斯顿，人们吃跟芝加哥一样的汉堡包，听一样的流行音乐，穿一样的时尚服装。什么是"对内"，什么是"对外"，在开姆尼茨不会有什么区别。去教堂参加礼拜的教徒人数正不可逆转地锐减，我们浪漫爱情的模式和我们婚姻的算法取决于美国前一天晚的电视连续剧，我们未来的就业岗位由硅谷的资本决定。数据云和谷歌承诺给我们的美丽新世界，将从霍耶斯韦达小城上空飘过，正如飘过开普敦和河内一样。只要用数据付款，每个人都有权在通用设计中获得一块个人的、感觉舒适的矩阵。那里不再有位置留给没有货币价值的价值观了。

　　我们的社会仍然需要有价值观，对此大家都没有什么异议。宽容就是一个很好的价值观，但它是不完全的；多元化是值得追求的，但也并非总是如此；自由是美好的，但必须同时有社会保障；外国文化富有刺激性和丰富多彩，但也会带来些许的不安全感。担心价值观丢失是社会舆论中一个很重要的主题。从这个角

1　欧洲爱国者抵制西方伊斯兰化运动，简称 Pegida。是 2014 年从德国兴起的一个欧洲极右翼民粹主义的政治运动，旨在争取保护德国及欧洲西方社会的犹太教和基督教文化。——译者注

度来看，文化中令人不舒服的高声喧哗吵闹，正如德国选项党所声称的，归根结底，它只能是一场大地震的预兆，它将引发一系列强烈的动荡。

几十年来，伊斯兰教早就知道自由资本主义对其文化认同的攻击。除了暴力行动、认领功劳、固执顽抗和恐怖袭击外，迄今为止他们想不出还能做其他能做的事情。我们也很难想象，那些自以为是捍卫德国价值观的德国抗议选民，还能想出什么更好的主张。他们把自己看作是最小的共同体，整天忙于担忧被伊斯兰化，而伊斯兰教也跟他们一样，整天担忧自己的存在受到威胁。除了杞人忧天之外他们还能做什么呢？在萨克森州，那里的穆斯林人口只有千分之一，在这样的地方担忧伊斯兰化，岂不是如同在阿尔卑斯山的厄茨达尔峡谷抗议波罗的海公海捕捞配额一样吗？

欧洲爱国者抵制西方伊斯兰化运动和德国选项党的愤怒、怀疑和不满是真实的。"如果人们认为有一种情况是真实的，那么它的结果也是真实的。"这是社会心理学中一个重要的认识。然而，面对一个几乎不出名的伊斯兰教，在弥漫性恐慌的幕后还存在着另一个完全合理的恐惧吗？21世纪初期一个旧世界正在沉没，它将会被一个全新的世界代替吗？

保守主义和资本主义从一开始就彼此不合。在18世纪工业化初期的英国，保守的托利党反对自由的辉格党所主张的自由市场、自由贸易，这些并非没有理由。资本主义将所有的传统价值观和情感价值观夷为平地，只以理性价值衡量一切，即金钱万能。哪里有效率思维，哪里就有繁荣昌盛，同时那里的传统也随之销声匿迹。当今世界几十亿的人口已经使地球接近饱和。19世纪，欧洲尚有几百万人忍饥挨饿，为消除饥饿，我们以越来越快的速度丢失传统，万不得已时，还把传统当作商业化的小香肠储存起来。在资本主义横扫过的每个地方，无论是在伦敦的金融市场，还是在纽约、东京和新加坡，它嘲讽每一种秩序、蔑视节俭、拒绝承担任何责任。

"共同富裕"这个口号是路德维希·艾哈特[1]从俄国无政府主义者彼得·克鲁泡特金[2]的著作中借鉴而来（没有考虑到版权问题）。无政府主义的表达形式在资产阶级的外套下，长久以来掩盖了保守主义思想和资本主义思想是糟糕的共存这一事实。德国基督教民主联盟（CDU）的前身天主教中央党，曾经是跟自由主义势不两立的保守势力。1947年德国基民盟曾在《阿伦纲领》非常明确地指出："资本主义经济制度并不符合德国人民国家和社会的切身利益……社会和经济新纲领的内容和目标不能还是资本主义的盈利追逐和权力角逐，而只能是我们社会大众的福利。"

社会市场经济的成功似乎可以驳倒保守主义和资本主义之间的矛盾。尽管德国社会民主主义经济学家、社会市场经济的精神导师威廉·洛普克早在1958年德国经济奇迹高峰时就已经对其悲惨结局发出了警告。他怀疑，联邦德国社会终归会有一天，

1　路德维希·艾哈特（Ludwig Erhard 1897—1977），德国政治家、经济学家。1949—1963年任德国经济劳动部长，创造了德国经济奇迹。1963—1966任德国总理。著有《共同富裕》。——译者注

2　彼得·克鲁泡特金（Pjotr Kropotkin 1842—1921）俄国革命家，地理学家和作家，是俄国"无政府共产主义"的创始人。著有《互助论：进化的一种因素》。——译者注

其供需关系的彼岸可能不会再有价值观了，只有肮脏的成本—利润—预算。

令今天的德国基民盟进退维谷的是，迄今为止一直隐藏很好的这条裂痕，现在依然还存在。今天，在保守派的意识深处，强烈感觉到这条裂缝。他们理性赞同当代全球资本主义，但是又感觉跟保守主义思想存在深刻的矛盾。只要不考虑怎样将保守派珍惜的传统价值观在数字化的经济中确立并保存下去，那么这种不适感在政治上就没有什么创造力，仅凭保守派的感觉在酒馆和集市上抗议起不到任何作用。人们没有一个现实的替代方案可供选择。

更令人困惑的是，对于自诩为保守主义的多数人来说，他们感觉自己的立场是中间偏右——这可能很重要，实际上他们的保守主义思想早就失去了区别于"右派"的身份特征。努力维护自身所有权的工会、笼统谴责世界经济进程的左派，以及绿党原教旨环保主义者的少数残余，都是挣脱了束缚的自由主义的强力反对者，也都是坚定的保守派。然而，就像伊斯兰教几乎不能拥有永久的未来一样，保守主义也不会有永久的未来。如果保守主义不能把视野放在未来为大众描绘一个现实的愿景，那么就会随着时代更迭而渐渐消逝。我们的孩子学会了选择新的家园代替信仰、忠诚、传统和环境的原生家园，这体现在他们选择的世界观中，选择的多变的伙伴关系中，以及超越所有界限的持久友谊中。显然，他们对安全保障的需求没有减少，但是这个需求会寻找一条更灵活便捷的道路。

上述这些都要以强大的随机应变能力和丰富的生活智慧为

前提，才能使自己获得成功，使自己不胆怯。我们的孩子们在应对全球资本主义的挑战中，还将面临一个全新的老问题：我们将怎样生活？谁保护我们的心灵家园不被拍卖？问题的答案必须是敢于面向未来的。因为，在人类历史上没有一厢情愿的倒退，只有向前的运动。在这里，我们借用亚里士多德的话友好地忠告固执的保守派："每个人都会发怒，这很容易。但是，以恰当的程度、在合适的时间、为正确的目的、以合适的方式、对正确的人发怒，做到这些并不容易。"

所以，我们的社会需要一个明确的发展目标、一幅建设性的宏图，帮助我们认识行动的必要性。只有具体的方案才能帮助政治制定行动议程，包括经济、教育和劳动市场政策，指明政治应该挑战什么，推动促进什么。当银行和保险公司、汽车工业以及零件供货商大量裁员的时候，我们的民主会怎样应对呢？如果电子资料信息交换程序（E-Discovery-Programm）取代了司法人员，法院的文书只是被当作系统监管员，那么民主又该怎样面对呢？看来各个党派还在震惊中，还不清楚数字化使世界变得更好或者更糟完全取决于他们的行动。如果他们想不出什么更美好的许诺，他们就是在披着沉默的外套遮掩我们时代的主题，在地球出现裂缝时，他们还在继续搭建纸牌屋。所以，让我们尝试把未来建造在更坚实的地基上吧！

为了建造我们的未来，我把以前积累的想法和设想，像挑选马赛克石片一样反复捉摸、重新打磨和装拼。我的愿望不过是最终描绘出一幅设计图。封闭式乌托邦的时代已经一去不复返了，描绘理想的世外桃源有悖于我们关于世界进程的批判性认知。数字革命大规模的社会问题注意不到简单细小的解决问题的模式。我们要把希望寄托于更美好的未来，这个美好未来源自于人们对现状的批判和对不乐观发展的辩证认识，在辩证法的字里行间才能形成人类未来的宏图。由此可以想象，我们时代的剧烈动荡不一定会导致悲惨痛苦的结局。相反，动荡孕育着机遇，创造一个人类宜居的未来。

乌托邦

人的本性在于劳动、塑造、实现自我，而非朝九晚五坐在办公室里获取酬薪。

机器工作，工人唱歌

——一个没有雇佣劳动的世界

在一个寂静的、遥远的宇宙角落里曾经有一个星球，那里聪明的动物整天都在劳作。他们没有尝试摆脱这种强制性劳作吗？有的，他们先是发明了石斧，后来又发明了轮子和犁，不知什么时候又发明了喷火冒烟的机器，但这一切都没有让他们从劳累和烦恼里摆脱出来。恰恰相反，不知从什么时候起，他们不再是为自己而是为了金钱而工作。薪酬通常太少，不足以果腹避寒。他们不为自身发展而劳动，而是为了糊口生存整天重复枯燥单调的劳作。这些聪明的动物变成了机器的奴隶，本来机器应该把他们从劳作里解放出来。更令人不解的是，不久之前他们还口口声声说平等和自由是他们的天性，但真正获得自由的只是极少数人，大多数人每天要劳动长达 16 个小时。他们不能接受教育，也不能自我发展，忍饥挨饿、辛苦谋生。即便是利用电力生产也没有改变这种情况。现代化工厂的电力虽然取代了一些重体力劳动，但是多数聪明的动物仍然没有摆脱他们的悲惨命运。当不再由煤炭和钢铁而改为公文确定日常工作时，情况才有了一点好转。劳动量由过去的每周80小时，逐渐减少到现在的37小时。聪明的动物们知道了他们有权获得休息，也学会了在生活中把劳动时间和休闲时间分开来。但是他们没有懂得，他们生活的价值和意义并不取决于他们的劳动。其实他们早就可以从富裕的悠闲贵妇人那里看到这点，但是他们还是长期保持了"劳动是高贵的"这个残余观念。虽然贵族从来就不是因劳动而被封为贵族，相反，恰恰是因为悠闲，他们有机会按照自己的兴趣和自己的意愿安排一天的时间，而非被迫必须做什么。后来有一天，聪明的动物发明了新的机器，这些机器在很多方面很聪明。从那时起，劳动的动物所生活的星球开始发生真正的变化。所有单调无聊的工作都由机器完成，聪明的动物终于有时间去追求自己的命运了：追求塑造自我的生活，追求自己人生电影的独立制片人的生活，追求内心无忧无虑、实现对自己和他人的积极关怀的人生。

　　听起来像一个美丽的童话，但是很有可能这是一个真实的故事，无论如何会比很多其他的故事更可信。其他故事把人类进步归因于新的技术，遗憾的是总是缺少关键性的一点——技术进步必须给我们星球上更多的人带来宝贵的利益，而不是让人们为了薪酬被迫劳动。

　　古希腊人早已梦想这样的生活了。古希腊的自由人不必劳动，正像古代等级社会里有地位的埃及人、波斯人、色雷斯人和斯基太人一样。但是妇女、外国劳工，尤其是奴隶必须劳作。聪明的亚里士多德曾经竭尽全力为奴隶制辩护，他认为整个国民经济终究还是依赖奴隶制的，但是他也希望建立一个没有奴隶制的社会："如果每个工具都可以在指令下完成预期的工作，就像代达洛斯的工艺品能自己移动一样，或者像赫菲斯托斯的三足神器自动完成神圣的工作。如果织布梭子可以自动穿梭，那么师傅就不需要徒弟了，奴隶主也就不需要奴隶了。"[20]

　　到了19世纪，亚里士多德所梦想的自动化一部分已经实现了。虽然代达洛斯的工艺品和赫菲斯托斯的三足神器还没有自驱动动力和智能水平，但是机器已经能完成很多工作了。这也是卡尔·马克思的女婿、社会主义革命家保尔·拉法格于1880年第二次工业革命的前夜为《懒惰的权利》辩护的原因之一。如果说富裕的资产阶级没有什么比在业余时间里悠闲地投身艺术和享受艺术而更美好的话，那么为什么工人在非人条件下日日夜夜工作，深受折磨从而造成身心伤害就应该成为工人阶级的道德呢？拉法格认为，未来社会每天只需工作3个小时、每周21小时足以。因为"我们的机器充满火热的激情，它们有钢铁般的、不知疲倦的四肢，一教就会，它们用神奇的、无穷无尽的生产力自动完成它们的工作"。对拉法格而言，"机器是人类的救世主，是把人们从雇佣劳动中赎救出来的上帝，是将给人们带来悠闲和自由的上帝"。[21]

　　在卡尔·马克思看来，劳动是他全部思想的核心。但是，青年时期的马克思和恩格斯同样梦想过，让机器把人们从简单的雇佣劳动中解放出来，使人可以成为自由的牧人、猎人、渔夫和批评家。马克思一方面与异化劳动作斗争，另一方面又不愿放弃"劳动"这一概念，他从来没有从这个矛盾中解放出来。对马克思和恩格斯而言，人是由劳动定义的。马克思逝世多年之后，1896年恩格斯发表了《劳动在从猿到人转变过程的作用》。"所有人类创造的文化都是劳动的结果”，对此观点他坚信不疑。这里所说的劳动不是指为别人而劳动，也不是指为了获得薪酬的异化劳动。

直到老年的时候，恩格斯内心仍在纠结，但是他仍然一如既往地使用“劳动”这个概念来描述人类自主活动。与此同时，另一位社会主义者奥斯卡·王尔德早已把“劳动”这个概念抛弃了。奥斯卡·王尔德既不是工人运动的英雄，也没有成为21世纪著名的预言家。然而这个奇装异服的爱尔兰人在1891年写了一篇卓越的文章《社会主义制度下人的灵魂》。他的观点基本上和拉法格一致：人们只有从低薪的雇佣劳动中自我解放出来，才能实现他的个人主义。“任何纯机械性的、单调乏味的工作，任何令人厌恶的、迫使人们陷入尴尬处境的工作，都必须由机器来完成。”早在人工智能在天际露出第一丝希望之前，他就要求人们要展望未来：“现在机器正在取代人，在合适的条件下，机器将为人服务。毫无疑问，这是人类的未来。这就好比农民睡觉的时候，树木在生长。机器时代与此类似，当人类享受快乐或休闲的时候，机器在工作。这是人类的目标——创造美好的事物或阅读美丽的事物，或用羡慕和愉快的目光简单地拥抱这个世界的时候，机器完成所有必要的、不愉快的工作。”[23]

机器工作，工人唱歌！王尔德认为，人类获得自由后必须对私有财产的贪婪说再见。早于埃里希·弗洛姆[1]数十年前，他曾

1　埃里希·弗洛姆（Erich Fromm，1900—1980）美籍德国犹太人，精神分析心理学家，也是“精神分析社会学”奠基者之一，毕生致力于修改弗洛伊德的精神分析学说。一生著作等身，1941年发表第一本重要著作《逃避自由》，1947年出版续集《为自己的人》，1956年出版的《爱的艺术》广为流行。——译者注

写道，"重要的是存在。人类真正的完美不在于他拥有什么，而在于知道他是什么。"[24] 如果人从内心世界到他的外部环境都是自由的，他所在的土地便不再需要一个强大的国家。在王尔德看来，最终的结果正是马克思所说的"无阶级社会"。但与马克思又不完全相同，王尔德和拉法格认为，通过日益智能的机器劳动使由每个个体决定的自由社会成为可能，而不是通过一个"阶级"——无产阶级——的劳动。[25]

王尔德认为，机器不应该成为国家的财产，而应是所有人的财产。他意识到，如果机器属于所有人，机器实际上可以解放全人类。王尔德是一位预言家，远远领先于许多其他左翼乌托邦主义者。就连乔治·奥威尔的《一九八四》也大大低估了这位爱尔兰的乌托邦主义者。他完全不能想象，所有的低级劳动都会被机器取代。然而，没有什么能像洗衣机那样为西方世界的女性解放铺平了道路。从那时起多少家用电器进入了平民百姓家，多少艰苦的体力劳动、多少单调的工作在 20 世纪被机器取代了。在今日的德国，人们的工作时间只是王尔德时代的三分之一，每周工作平均 37 小时。他们有了一定的空闲时间，这个现状早已接近了拉法格的理想，王尔德所渴望的个人主义也正处于鼎盛时期。目前相当高比例的年轻人正在大学学习，20 多岁近 30 岁才开始工作，平均 63 岁结束职业生涯，还有 20 多年可以享受没有强制性雇佣劳动的生活。如果王尔德和拉法格能够看到今天的时代，那么他们所设想的路线图中的前一段进程很早以前就开始了，至少在西方的富裕社会里是如此。

＊

还有另外一段路线，那里的情况很奇怪。"科技的朋友""大突破的宣言""数字未来的狂热"，等等，虽然用这些词语欢呼我们突飞猛进的时代一点也不夸张，但是这个时代的社会政治理想却缺乏梦想。历史上每一次巨大的技术—经济革命都导致了社会的巨大变革和重塑。而今天却有很多关于提高增长率和企业精神的忠告者在讲台上占据主导地位。特别缺乏灵感和创意的是天才的经济学家们，很长一段时间以来他们对未来的想象力贫乏得令人惊讶。如果 21 世纪设计未来社会共同生活的图景，可以说，主要都是由好莱坞和科幻作家完成的。

相比之下，社会乌托邦则是一幅风俗画，在政治和经济里很少受到重视。那些硅谷的超级权势异乎寻常地保守，他们恰恰希望，尽管有各种科学突破和智能发明，但他们的商业模式仍然保持不变并且永远不会发生变化。

美国航空工程师、企业家彼得·迪亚曼迪斯，像王尔德一样梦想让政治变得多余，曾许诺，单纯地通过技术就可以帮助七十亿人过上更美好的生活。王尔德认为人类是艺术家，在自由发展、没有压力的地方与他人和平共处。迪亚曼迪斯则倾向达尔文主义："人在基因上遗传了竞争的秉性——在体育运动、工作中竞争。富有刺激性的竞赛迫使人在一定的条件下追逐一个明确的目标，即解决问题的方案。"[26] 可惜的是，迪亚曼迪斯六年前宣布的"为七十亿人过上更美好的生活"的计划还没有实现。看来人类的问题受制于跟技术问题完全不同的法则，比如，缺水、资源短缺、内战、剥削等问题的解决方案，如果只是技术聪明而非政治可行的，那么这些解决方案也不会令人信服。

保守的硅谷大投资家、在线第三方支付服务 Pay-Pal 联合创始人、脸书最大股东之一彼得·泰尔的所作所为更直接露骨，不加掩饰。2009 年他投资了一个项目，在远离加利福尼亚海岸的国际公海水域准备打造一座"海上家园"——把"海上永久住宅"建成一个试验基地，类似于 17 世纪早期弗兰西斯·培根的乌托邦"新大西岛"，"海上家园"独立于美国法律，不受任何政府管辖，人类将在这里得到改善。泰尔说："与政治领域不同，在技术领域里，个人的决定可能仍然是绝对的优先。世界的命运或许掌握在一个人的手里，他创造或者推广我们所需要的自由机器，以便让这个世界对资本主义更友好。"[27]

在科幻电影里，还没有哪一个无情的大投资商能够这样坦诚直率地表达这种看法。让人们远离所有民主控制、确保资本主义和废除民主的技术矩阵究竟在哪里？实际上泰尔也知道，他并不需要为此目的在太平洋上建一个海上社区，即使没有任何逃避现实的幻想，他也在越来越接近他的目标。

在奇异梦想思维模式盛行的地方，恰恰需要有一个相反的乌托邦。然而，在西方世界的政治辩论中，民主的乌托邦在很大程度上消失了。马克思和恩格斯说过，他们的历史预言仅仅是一个乌托邦，他们从自己的词汇中消除了乌托邦一词。即使在今天，在我们的生活中，乌托邦也是幼稚愚蠢、不谙世事的代名词，如果它不是指技术，而是指社会的话（好像这两者相互间毫无关联似的）。西欧的海盗党们[1]带着自相矛盾、孩童般无所不能的幻想消失得比来时更快。就像美国狂野西部的追捕手、不法分子和牛仔一样，当强权势力真的开始在这里修筑铁路、瓜分土地的时候，他们很快就无影无踪了。自由精神不属于狂野西部，同样，今天互联网也很少属于狂野西部。2014年海盗党们不得不痛苦地承认，网络中的权力不是几个想在那里推行民主的年轻人所能左右的，而是由数字大佬和美国国家安全局掌控。

我还清楚地记得，1997年当时的基民党政治家普法吕格尔曾对我兴奋地侃侃而谈"没有远见的幻想"是适合21世纪的政策。我们必须承认，这个说法到目前为止已经实现了。"没有人得到过乌托邦的帮助。"《时代周刊》编辑科尔加·鲁德茨欧吹着同样的号角，他拒绝考虑任何无条件的全民基本收入。[28]

没有乌托邦，除了一些奸商外，没有人会得到帮助的。然而，即使只考虑中期的未来，只偏离一点"维持现状"，风险也是巨大的。这种情况使人想起了意大利导演塞尔吉奥·莱昂的一句话，有人问他，美国西部片和意大利西部片有什么区别？他回答说："在约翰·福特的世界，向窗外望去，可以看到一个光明的未来。在我这里，看向窗外，人人都知道是开枪的时候了。"这与我们民主的未来窗口没有什么不同。如果在西德联邦总理路德维希·艾哈德或者维利·勃兰特时期描绘一幅未来德国愿景图的话，会受到民众的称赞和欢呼；但是如果今天有人设计一个更好

1　海盗党是西欧跨国政党组织联盟，主张改革有关著作权和专利的法律，改善数据保护，扩大公民参与权，尊重宪法保障的隐私权，倡导信息交换自由以及更多的透明度。——译者注

的具体的德国愿景图，人人都知道，他马上就会遭到大众媒体的炮轰。

今天的政治和经济权力所维护的乌托邦与我们的生活没有什么关系。然而，无论是否承认这个现实，历史进程都在发生变化。如果告诉拉法格和王尔德时代的政治家和经济学家，2018年在一些国家，比如德国和英国，工人和雇员比他们那个时代劳动时长要少得多，而且还可以通过雇佣劳动获得工资报酬，他们很有可能根本不相信这个"童话"，也不会相信这个"令人陶醉的乌托邦"。今天的经济学家与他们没有本质上的不同，尽管时代发生了巨大的动荡，他们仍然能镇静地假设在未来几十年，工作、就业和社会结构将与今天相差无几。

＊

经济挑战通常都是隐形的。实际上很多经济的基本问题不单纯是经济问题，往往还包括心理、伦理、政治和文化的问题。人类历史的进步不由充满了数字和表格的繁冗经济论文决定，而是思想、人类形象和梦想决定的——无论技术的还是社会的。从这个意义上来看，正如王尔德所述："没有标出乌托邦国的地图甚至不值得一瞥，因为它缺少一块引领人类一直前往的土地。"[29]

那么，应该是一个怎样的乌托邦呢？人们可以对数字化给出的许诺有各种不同的理解。许诺之一是让少数人拥有财富——巨大的财富。除了梦想自由机器和其他改善世界的工具外，拥有财富的人或许不知道还可以做什么，他们常常把捐赠伪装成公

益慈善事业（比尔·盖茨是他们中一个鲜有的例外），却又时常
藏头露尾。

另一个许诺是为尽量多的人提供充实、自主的生活。如果
硅谷许诺我们一个更好的世界，那么我们应该对此认真对待，甚
至比硅谷自己迄今为止的态度还要认真。无论是扎克伯格、贝索
斯，还是布林和佩奇之流，究竟要扮演以自我为中心的企业大佬
角色，还是扮演世界精神的非自愿传承者角色，他们还没有做出
最后的抉择。前者可能是他们的愿望，但是后一角色——通过进
一步推动自动化发展，为越来越多的人提供真正自主生活的机会
才有可能使他们成为世人的英雄，尽管他们自己很少意识到"自
主生活"究竟意味着什么。当前，硅谷企业家还是把我们当作依
赖于他们的附庸。他们内心贪婪，追求更多的金钱，受到资本的
推动，这些手持资本的股东除了钱以外对其他任何东西都不感兴
趣。到目前为止，他们一直采取强制手段以"赋予每一个幸福"
的承诺无情地剥削用户和客户，将用户和客户信息出售给出价最
高的人。正如旧经济模式的动力，新经济之进步的驱动力就是只
追求"更多"而不是满足。获得社会承认只表现在金钱上，尽管
"更多"并不再会让你的生活变得更好。

这是为什么呢？现在看来，硅谷世界的改变者秉持着一种
产生于 16 世纪意大利文艺复兴时期和后来英国的伊丽莎白时代，
直到 17、18 世纪在英国形成的一种意识形态——一种坚定不移
的、片面人类形象的世界观。在古希腊和中世纪受到排斥的商人
身份和利润动机现在成为一种文化范式。新富阶层的宣传者并没
有检验衡量商人品德的意识，他们认为每个商人都是品德良好、

有正义感、品行规矩的，仅仅因为他是商人。古老的公民美德变成现代商业美德，商人不必努力使自己成为一个好人，因为商人就是好人，商人的利润动机本质上就是好的，它会自动为所有人带来繁荣。看来这不是思想意识而是普遍功利决定行为价值。

我们怎么才能区别有用的人和不太有用的人呢？不列颠东印度公司的说客以及哲学家们，比如约翰·洛克给出了一个清晰的标准：通过劳动。生活就是充斥着易货买卖的大市场。正如英国冒险家商会第一任秘书长约翰·惠勒1601年所说，一个人的一生在任何情况下都是商人。在他看来，所有社会规范终究都是市场规范，对于经济学家和社会学家来说，这和今天没有什么不同。

劳动社会和绩效社会——当今对我们来说似乎很自然地成为唯一有意义的社会形式——是资产阶级初期英国的发明。在所有美德中，劳动社会的最高美德不再是世界睿智，而是劳动优异卓越。尼采在1882年抱怨道："劳动越来越问心无愧，快乐倾向已被称为'需要休息'，并开始为此感到羞耻。如果人们在乡下郊游时被别人撞见了，他会说是'身体健康的需要'。人们可能很快就会发现，沉思的生活（即带着思想和朋友去散步）必然伴随着良心的自卑和内疚。"[30]

只有工作才是高尚的，这一观念今天依然如此强势，以至于它仍然是社会主导观念决定着社会：工作越多，赚到的钱越多。然而，"业绩"这个概念是一个极其模糊的词。一个损害客户利益的、拥有随机应变能力的人会成为亿万富翁，原因是这样的人比低薪的老年人护理员的贡献多，这显然是一个伪命题。体育、诗歌创作、幼儿教育或者社会福利工作很难与"业绩"相提并论。如果有什么突出成就的话，多数人对他们的评价是钦佩他们的"成功"，而不是公开称赞他们的"业绩"。

然而，对于很多德国人来说，恰恰是业绩决定了一个人的自信心。如果工人、农民、或者修理工的子女在20世纪的下半叶，通过自身的努力、毅力和学习成为了工程师、电气工程师、中小企业主、经理、或者协会主席，那么他就会把自己看作是有效运作的绩效社会的生动证明。这在老联邦德国集体崛起的时代看起来更像是一个成功的例外而非规律。在那个时代，成功的事业应该只与内心的态度和道德有关。那时候的文化环境确实跟今天不同。如果说在今天的德国，平均每年就有4000亿欧元遗产被继承，那么"绩效社会"这个概念只能算是一个委婉的说辞。[31]

绩效社会是一个虚构的概念，但是对受其激励的每个人来说，它又是有用的。它创造了一种社会氛围和一种态度，它是唯一通过虚构的社会示范力量创造出来的。人们不应完全轻视绩效社会，但也不应高估它。设想一下，如果把高尚的原则置于真正的压力之下测试，我们的社会能承受多少业绩公正性？英国社会学家迈克尔·杨1958年发明了"精英"（Meritocracy）这个概念，即"精英统治"。[32]每个人都应该根据个人实际成绩作评估并据此获得回报。所有其他的标准包括出身背景、关系、庇护和幸运等，都不属于评价指标范围，当然这是不现实的。一个人的成绩不仅是个人的成绩，同样也是别人的成绩，比如父母，我们继承了父母的才能，受到父母教育的影响，以及老师和社会环境的影响，没有人是成绩的唯一塑造者。在此，我们再一次提出这个问题，真正的绩效社会值得追求吗？

可能不值得。那么会发生什么呢？工资关系已经完全被打乱了，有些下降，有些上升。根据新规则达到顶峰的人，完全有理由说新规则是最好的。精英肯定新规则，也许他们会变得不可一世。最大的问题集中在社会底层，任何跌落到底层的人都没有借口为自己辩解；他必须忍受现实或假装无所谓，或做个最糟糕的人。因此，不会有人抱怨世界对自己不公平。几乎没有人想要知道这个真相，但是真相暴露了出来，并挑衅数百万人的自尊心。任何一个社会都不能忍受这样一群不知悔改的人，因为有可能会导致骚乱和内战。在德国，绩效社会之所以还起作用是因为它不是严格意义上的绩效社会，为梦想留下了很大的空间。

绩效社会的幻想家甚至有办法让大家即使都很努力工作，也不能保证每个人都得到回报。德国脱口秀表演家福尔克·皮斯佩尔说，在资本主义社会，每个人都可以富裕，但不是所有的人。总得有人要为富人工作。关于"中产阶级"的诡辩也是富有幻想力的，每个大众党都想拉拢中产阶级。这句话的前提是似乎存在一个不工作的中产阶级，那么都有谁属于这个阶层呢？是家庭妇女、儿童？还是大众党不感兴趣的、经济状况良好的退休人员？另外，又有谁属于不受任何人青睐的、工作或者不工作的边缘阶层？是低收入人群、打工族、贫困的退休人员，还是社会弱势儿童和大股东呢？

把"中产阶级"跟"工作"挂钩，在德国是件神圣的事。虽然德国有超过半数的人在工作，但他们不被计入中产阶层，比如，星期天在足球场上给少年足球队吹哨的退休人员；照顾叙利亚难民的义工；家庭主妇和家庭妇男；实习的大学生；以及大量必须同时兼职两三个工作的低薪行业的人。人们把"工作光荣"只留给"工作的中产阶级"，这对那些不被计入"工作的中产阶层"的人群公平吗？

老联邦德国的上升社会在 2018 年再次出现了，以至于社会学家奥利弗·纳赫特维[1]判断社会衰退被许多人视为左翼的夸张。更令人难以置信的是，在德国似乎很快就会有无数职业，比如传统制造业和秘书工作，将被计算机所取代，或许也会涉及机械制造和物流等行业。德国不是很自豪失业率非常低吗？然而，引领伟大巨变的先行者已到家门口。纽伦堡的地铁在一些路段已经是自动驾驶了，在汉堡有上百辆小巴士自动驾驶。邮政在山区里用无人机投递包裹，呼叫中心越来越多地使用计算机，而人工服务越来越少。在不久的将来，除了低工资行业外，很多"工作的中产阶级"的职业也将会受到冲击，在这方面德国人几乎还没有意识到。[33]

*

我们今天处在数字革命初始阶段，现实变化已经令人不寒而栗。一方面，资产阶级的绩效社会时代似乎走到了尽头；另一方

1　奥利弗·纳赫特维（Oliver Nachtwey 1975—　）德国经济学家和社会学家，现任瑞士巴塞尔大学社会结构分析学教授。著有《世界市场和帝国主义》《市场社会民主》《衰退的社会》，合著有《后民主和工业的国籍》。——译者注

面，资本主义建立在虚构的主导观念上的经济和社会形式日益激进化。

当前，我们这个时代的劳动世界不能再继续向前发展了，这也是德尔福研究所"千年项目"调研的结论。德尔福研究所是一个国际智囊团，德国有贝塔斯曼基金会、大众汽车公司、VDI科技研究促进中心、Fraunhof应用科学研究院系统与创新研究所，以及柏林自由大学等机构参与。根据289个专家意见评估，凡是中长期内可被技术取代的所有职业都将会消失。能保留下来的是那些需要"感情移入"的职业、关怀照顾他人、护理安慰他人的职业、教师和教练，还有那些给他人减轻焦虑和困境、帮助他人解决问题的职业。对于"大多数人将来会做什么"这个问题，德尔福研究的回答是"所有的人都会从事些什么，但是他们中的许多人不再从事有偿工作；每个人都会制造生产些什么，或是快乐或是噪音。"[34]

拉法格和王尔德的理想社会正在大跨步地接近减少雇佣劳动和有偿工作的目标。我们的劳动体系、经济体系和社会保障体系不能像现在这样还保持不变，旧体系必须彻底推翻重建。与此同时各方都呼吁重视教育，只有接受过最好的教育或最好的职业培训的人，才能经受住新的劳动世界风暴，才能让自己无论在哪里都成为不可或缺的人才。不求上进的、怠于学习的人将跟不上时代步伐；成功还必须增强适应能力，要有创造性、有同情心。任何不创造（可衡量的）新价值的人都会在未来社会失去其自身价值。

呼吁重视教育总是没错的，但是正如上文所述，它忽视了社会变革的深度。如果我们把教育只是看作对抗未来社会失业的灵丹妙药，那么我们还是没有真正理解教育的本质。教育是提高自身能力以获得一个思想丰富、充实的生活，而不是为了适应劳动市场的需求。然而现实完全有可能出现，即使接受全面的教育也不一定能适应未来的劳动社会，避免被技术取代；受过高等教育、有创造力的人很有可能不需要较长时间从事有偿工作，他们可以自由支配时间、自愿从事某种活动、自己作计划和设计目标。如此一来，幸运的、无需从事谋生职业的人，与不幸的、疲于应付生活的人便区分开了，差距就此拉大。

今天很多人大声呼吁推动"职业教育"，其思想模式还停留在逐渐消失的劳动和绩效社会层面，正如我们迄今为止所认识的社会。他们没有考虑，在未来人们不必从事有偿工作，应对这种状况应该提高认识。不再从事有偿工作的人该怎样保持他们的自尊心呢？他们应该如何体验自己是有用的、是被需要的感觉呢？教育的终极目的必须是给人"自我效能感体验"的机会，让人觉得自己在做一些有意义的事情。现实似乎与教育的终极目标渐行渐远了。

从人的本质来看，人在获得经济收益时并不一定会感到幸福。若非如此，富人应该是幸福感最强，拥抱幸福时间最久的阶层了。然而，我们清楚地知道，富有并不一定幸福。对于像柏拉图和亚里士多德那样的人来说，积极的生活和赋有思考的生活是最幸福的生命存在形式，这是哲学家对生命的认知。人们通常认为幸福美满的生活高度依赖人们所生活的文化。在重视反思自己、重视知识的文化熏陶下生活的人，必然不同于以金钱和成功视为最高美德的文化背景下生活的人，如同重视勇敢和战争艺术的社会会产生大量的勇士。

积极的生活和赋有思考的生活意味着，关心公益、维护友谊、思考正确的生活，这些恰恰是古希腊良性运转的国家基础。今天的社会文化不太重视这一点，相反，更加重视不惜代价获得经济成功。古希腊的自由男性，要求妇女、奴隶或外国劳工为自己劳动时，根据对自己地位的认知，他们不需要追求"不自然的"生活。如果在"古希腊"条件下，很快就会有越来越多的计算机和机器人为人工作，那么是否应该认为这是"不自然"的呢？

然而，我们应该怎样塑造这样的社会呢？王尔德从不担心贫穷、未受过教育的"雇佣奴隶"要走过漫长的道路才能成为他们生活中的个人和自由生活的艺术家。这也是为什么他的散文里总是充斥着讽刺和挑衅。王尔德知道，人永远不会在地上过上天堂的生活。正如哲学家奥德·马尔克瓦特所说，人不要总是耽于幻想，要脚踏实地做好身边的事情。乌托邦的衡量标准是人性，而不是完美。世界是复杂的、不聪明的。最终的"解决方案"、一部自由机器、一个更美好的世界，只不过是一些来自加利福尼亚的江湖骗子的承诺。如果刺激一个来自硅谷的利他主义者，你会看到一个流血的伪君子……

假如人们在 2025 年或者 2030 年失去了汽车司机或出租司机的职业，人们未必变得更有创意，恐怕一些人会变得具有攻击性、破坏性、郁郁寡欢。裁员的浪潮肯定会先于价值观的骤变；人们还会坚持所珍惜的主导观念，还会用金钱有偿支付的形式记录人们所做的、有价值的事情。在这种情况下人若使人没有攻击性、没有破坏性或者不郁郁寡欢，也是一门高超的艺术。

21 世纪初，美国社会学家理查德·桑内特和波兰英籍哲学家齐格蒙·鲍曼对这一问题就已经做出了判断。[35] 桑内特提出人将陷入虚无的无所不在的威胁；鲍曼提出"现代人的边缘化"的问题。早期的战争与灾难迫使人类不得不适应新情况，现代资本主义的持续不确定性则成为今天的日常生活。生活的不确定性给很多人带来困扰，损害了成千上万人的利益。根据桑内特的理论，路德新教早先的劳动道德赋予人类生活精神支柱，而如今却普遍盛行雇佣关系——雇佣和解雇。最终只会有越来越多的失败者，越来越少的赢家——这是计算机提高速度的过程。桑内特问道，有多少古老而传统的工艺在未来将被淘汰？

2012 年 9 月我在柏林文化节上和桑内特就此问题讨论时，他抱怨道，资本主义丢失了忠诚和责任感。他在《新资本主义的文化》中悲观地论述道，早先的"共同劳动"的文化财产丢失了，剩下的是在极不确定的生活中奋战的孤独勇士。我认为，他的关于受到威胁或者被破坏了的"劳动身份认同"的观点，我只能有条件的赞同，因为即使在路德新教的劳动道德极盛时期，也很少把劳动和身份认同等同并列。我们谈论的是拉法格的那个时代，要消除半饥饿的受压迫者和受剥削的童工。如果桑内特对过去时代的促进身份认同的、无忧无虑的、美好的劳动世界的判断是解决社会问题的一剂良药，那么它也只符合 20 世纪下半叶很小的一个时代窗口，不符合当代的人类历史。只有在 20 世纪 50 年代至 90 年代盛行"认可""奖励""忠诚"和"人生保障"，这些早已不适合所有人了。

　　这个历史的时代窗口（我赞同桑内特的观点）现在已经关闭了。关闭了就一定会是灾难吗？难道不会成为一个潜在的进一步发展的机会吗？如果一个人，像桑内特那样，过于浪漫地看待过去的劳动世界，那么劳动世界的损失基本上是值得哀悼的。这是德国很多左派拥有的一种有毒的怀旧情绪，它阻碍了前瞻的思维。

　　桑内特看到了MP3—资本主义[1]（MP3-capitalism）对生活世界造成的损失，他批评年轻人的狂热与冷漠，批评他们常常不假思索地选择新事物。对于毫无经验的极客们从硅谷发起的对传统和经验的攻击，桑内特感到非常愤怒。他对"速度崇拜"持悲观态度，坚持认为雇佣劳动可以从根本上促进身份认同，这个浪漫观点实际上扭曲了马克思主义传统中的劳动概念。

　　有偿劳动是否充实或促成身份认同，取决于很多因素。从劳动本身来看，流水线上的劳动几乎不可能是充实的；从社会的主流文化来看，呼叫中心的工作也很少是充实的。在经济收入有保障的情况下，如果一个人在很大程度上可以独立工作，自己是自己的老板，这份工作是最充实的。但即使实现了这一条件，人们仍然要问，为什么这样的工作必须是有偿工作？为了不让数字化时代的新世界成为反人道的反乌托邦，首要的条件就是要有物质的基本保障。

1　理查德·桑内特在《新资本主义的文化》中阐述了20世纪90年代新经济中出现的新文化如何导致社会、组织和个人层面上的深刻变化，其中首次提到MP3—资本主义。MP3—资本主义是以随意性和速度为准则，要求人们有不断适应新情况的能力。

～

　　一个人道主义的乌托邦是要把人类从"必须是商人"，即用劳动换取金钱这个定义里解放出来。它承认"劳动"是很多人的需求，人们通过劳动充实自己的生活，增加生活的意义。所以人道主义的乌托邦是把"劳动"作为一项自由活动的概念跟雇佣和有偿劳动的概念区分开来的。自古以来，尤其是自第一次和第二次工业革命以来，诗人和思想家就梦想将人类从强制性劳动中解放出来。科技进步可以让这个梦想在 21 世纪对很多人来说成为现实，因为智能机器将取代越来越多的工作。让人类成为自己人生的自由塑造者，这正是人类数字社会乌托邦的中心主题。

自由生活

——全民基本收入和人类形象

柏林，德国政府行政区，2017 年夏末。移民儿童在国会大厦前的绿草坪上踢足球，记者懒洋洋地躺在沙地上的躺椅上，在施普雷河拐弯的地方，背包游客在总理府建筑的阴影下打盹儿，好奇的行人仔细浏览王宫花园，好一派和平安宁的景象。一幅意大利早期文艺复兴繁荣时代的理想图画再现于当代，一幅轻快明朗的画面，就像是锡耶纳老市政厅里洛伦泽蒂[1] 的一幅寓言壁画：一个善政的结果。

21 世纪初的德国仍然还属于世界上最富裕的国家，失业率一直保持在低水平，"专业人员"缺乏。每天都有无数游客访问西方世界这个最休闲的大都会，他们用智能手机四处拍照，人们喜欢这种安逸的乡村田园式的风光。柏林无法和其他城市如

---

1 安布罗乔·洛伦泽蒂（Ambrogio Lorenzetti，1290—1348）意大利画家，锡耶纳画派代表，一生主要画教堂祭坛画和湿壁画，最著名的画作是为锡耶纳市老市政厅创作的大型寓意壁画《善政与恶政》。——译者注

伦敦、巴黎或纽约或亚洲繁忙的超大城市相比。柏林的失业率在9%，远远高于德国平均失业率。你可能认为，很少有人在柏林工作，所以这里看起来很平静。事实是，在这里拍照的人不需要照相馆和照片洗印人员，人们在网络租房平台预订房间，通过应用程序 APP 租用无人驾驶汽车。但是这些工作，可能很快也会减少了。

在柏林人们如何维持生计？政府精减行政部门和公立医院里数千个工作岗位，保险公司和银行大批解雇员工，那么这些失业人员应该如何安置？等待他们的未来是什么？很多公共的和私立的研究机构正在研究这个问题，它已经成为世界经济论坛上热门话题，也让未来准备进行大量裁员的公司总裁绞尽脑汁。但是在政治上，这个问题似乎还没提上议事日程。"充分就业"是默克尔总理确立的 2025 年的目标，[36] 这使人想起德皇威廉二世关于未来马车的论断。在联邦德国从来没有什么实际上的大损失！

在达沃斯论坛上，西方世界的很多大型报刊和智囊团致力于一个相反的问题：如果每个人都有少量工作，那么有没有可能维持就业率呢？德国钢铁工业雇主协会和工会于 2018 年 2 月达成了一致，工人可以按照自己的愿望每周工作 28 小时。这已然是朝着这个方向迈进了一步，尽管这个动机不是为了避免未来大批失业。众人并不熟悉的拉法格理论出现了。看来即使在 21 世纪这个观念也没有失去它的魅力，毕竟它可以阻止很多人被边缘化。但问题是，拉法格模式适用于哪个行业？对于公共服务机构、幼教人员和学校老师、在行政管理部门的工作人员来说，缩短工作时间的工作模式则只是一个时间问题，最终很有可能大多数工作人员将完全不再需要了。企业高管、外交部部长、德甲联赛职业运动员、项目经理或者兼职的主治医生，这些岗位在未来也会消失。

由此看来，重要的问题不是就业率的问题，而是"无条件的全民基本收入"何时以及怎样到来？一个能保障生活的固定的最低收入，很多不同背景的人对此想法都非常兴奋，例如美国前劳工部长罗伯特·赖克，塞浦路斯诺贝尔经济学奖得主、伦敦经济学院教授克里斯托弗·皮萨里德斯[1]，人工智能研究专家迪利普·乔治[2]，硅谷的大投资商乔·舍恩多夫、麦尔克·安德森和提姆·德雷帕、德国企业家格茨·瓦尔纳尔和克里斯·博斯、西门子高管凯飒、德国电信总裁迪莫特乌斯·赫特格斯，以及希腊前财务部长雅尼斯·瓦卢法克斯，等等。

然而，他们的动机并非总是一致的。硅谷坚持认为，穷人的数据没有任何价值，如果他们根本就买不起产品，他们的数据该出售给谁呢？数据经济对集体贫困没有兴趣，集体贫困威胁硅谷的商业模式。其他人则担心，如果数百万人生活水平降低到社会救济水准的话，将会出现老年贫困、抗议活动持续增加、社会动荡以及类似内战的混乱状况。还有人，比如希腊前财长瓦卢法克斯，把"全民基本收入"作为基本参与和再分配

1　克里斯托弗·皮萨里德斯（Christopher Pissarides, 1948—　）塞浦路斯英籍经济学家，2010年获诺贝尔经济学奖，主要研究劳动经济学。主要著作《劳动市场调查》《均衡失业率》。——译者注

2　迪利普·乔治（Dileep George, 1977—　）印度人工智能及神经科学研究专家，开创分层时间记忆理论。——译者注

的手段，甚至作为改变体制的工具。这是法国社会哲学家安德列·高兹[1]很早就提出来的一个超前观念。

如此不同的动机都源于"全民基本收入"这个共同观念。这个观念第一次出现是在托马斯·莫尔的《乌托邦》中，莫尔的朋友、西班牙人文主义者胡安·卢斯·维夫斯[2]汲取了莫尔理念，他认为一个基督徒有义务照顾穷人，不能让穷人得不到关怀。启蒙主义者孟德斯鸠、詹姆士·哈林顿、托马斯·潘恩和托马斯·斯宾塞，将这一理念继续发展，使之成为国家的普遍义务。然而，哈林顿、潘恩和斯宾塞认为不应该由国家承担这笔费用，而是主张人们对自己的土地拥有权利。工业革命初期，许多英国和法国的思想家加入了推动这个理念发展的行列，敦促国家支付全民基本收入。英国 19 世纪伟大的思想家、哲学家和经济学家约翰·斯图尔特·密尔，在最低保障中看到了所有社会主义形式的最巧妙的结合。到了 20 世纪，心理分析学家埃里希·弗罗姆与人权主义者马丁·路德·金进一步加强了全民基本收入的理念。

但是我们必须看到，每个诉求的背后都有其社会背景。当右倾保守的美国经济学家密尔顿·弗里德曼[3]在 20 世纪 70 年代初期

---

1 安德列·高兹（André Gorz, 1923—2007）法国社会哲学家，左翼作家记者，致力于研究雇佣劳动、社会异化、全民基本收入等。主要著作《经济理性批判》《知识、价值和资本》等。——译者注

2 胡安·卢斯·维夫斯（Juan Luis Vives, 1492—1540）文艺复兴时期西班牙人文主义者，哲学家和教育理论家，主要著作《论教育》《智慧入门》。——译者注

3 密尔顿·弗里德曼（Milton Friedman, 1912—2006）美国经济学家，1976 年获诺贝尔经济学奖。主要著作《资本主义与自由》《世界上没有免费的午餐》《自由选择》等。——译者注

谈及负所得税以及保证低收入人群的最低保障时，他的预期金额量非常小，美国经济学家詹姆士·托宾[1]亦如此。一个国家是否能够提供像西欧国家那样的基本社会保障，各国情况不尽相同，美国跟欧盟富裕国家的条件就完全不同。鉴于这种情况，今天来自硅谷的对全民基本收入的设想，对西欧来说也不可用同一个衡量标准。

在这个有偿工作越来越少的时代里，必须有一个新的基本保障形式，在这点上人们能够很快达成一致。全球一体化和数字化从根本上改变了我们的劳动世界和生活世界，它将不可避免地导致形成另外一个社会。这个社会是什么样子的？是一个虽然生产率和利润大大提高了，但大多数的中产阶级都无法从中受益反而导致他们失业并使之变得贫困的社会，还是产生新的社会契约，保留了优秀的部分甚至发扬光大了这些美德，从而适应变化了的新社会？如果人们不对迄今为止的劳动社会和绩效社会进行重大干预，就不会有新的社会契约产生。

假如在德国为"全民基本收入"做一条广告，即每个公民无论他是否有需求都应该获得一份基本收入，那么人们首先就会想到一个问题：谁该为它买单？这个问题很奇怪，它自动弹跳出来，显然没有人会反问为什么提出这样的问题。为什么"全民基本收入"不应得到国家资助？毕竟我们生活在一个曾经最富裕的德国。生产率通过数字化进一步快速提高，计算机和机器人无需

1　詹姆士·托宾（James Tobin，1918—2002）美国经济学家，因其"投资组合理论"获 1981 年诺贝尔经济学奖，主要研究宏观经济学，著有《通向繁荣的政策——凯恩斯主义论文集》《宏观经济学》。——译者注

交纳社保，不领取养老金，没有带薪休假，也没有育儿津贴，它们可以昼夜不眠日以继夜地工作，社会可以无成本运行。

如此一来，"全民基本收入"无论如何是支付得起的，但肯定不是以传统方式——通过劳动所得税支付。有人批评说，劳动所得税率必将如天文数字般猛增，在这方面任何批评都是不准确的。因为，"全民基本收入"的关键不是提高劳动所得税率，而是降低税率。德国《时代周刊》主编科尔加·鲁德茨欧认为，"把人们从没有尊严的劳动中解放出来的全民基本收入越多，就越能破坏自身的资金体系"。[37]他的话并没有切中关键要点。在这个有偿工作越来越少的时代，应该如何为福利社会提供资金？现行的社会保障体系显然无能为力，如果用无需交纳社保税费的计算机和机器人取代数百万人工劳动的话，现行的社会保障体系也随之瘫痪了。令人惊讶的是，德国的左翼政治学者克利斯托夫·布特尔韦格[1]没有注意到这点。现行的社保体制，根本无法为"全民基本收入"提供资金。他认为："在这种情况下，必须动用巨大的金融资产，将超过今天的联邦财政预算总量（大约3000亿欧元）的数倍之多，这会导致公共社会贫困加剧。实现'全民基本收入'实际上不过是个乌托邦。"[38]

令人悲哀的是，今天还有很多左派人士把乌托邦视为贬义词。毕竟在历史上左翼政治是支持新生的、平等公正的社会理

---

1 克利斯托夫·布特尔韦格（Christoph Butterwegge，1951— ）德国政治学家，科隆大学政治学教授，主要研究国家和民主理论，主要著作《右翼极端主义、种族主义和暴力》《社会平等国家和新自由主义的霸权》《转型中的福利国家》《福利国家的危机和未来》。——译者注

念。然而，为什么布特尔韦格认为"全民基本收入"会加剧公共社会贫困，而没有说，如果不实现"全民基本收入"，公共社会贫困必将会发生呢？那些把推动"全民基本收入"运动视为"邪教"理论的研究家们认为，劳动市场的巨大动荡纯粹是科幻小说中的情节。布特尔韦格认为："数字化、社会老龄化和全球一体化是我们时代伟大的三个故事，故事是用来吓唬今天的人们，以便让人们在将来遇到不足的状况依然会感到满意。毕竟，还在机械化、机动化和电气化时代就有人预言过，人们会失去工作，但是没有工人的废弃工厂至今还没有出现。"[39]

与马克思、拉法格和王尔德不同，在布特尔韦格看来，有偿劳动显然是大大的赐福。他所担心的可能类似于19世纪奥地利作家雅各布·洛贝尔[1]的论断："但是，最后会有一个时代到来，在那个时代人类将全面发展、聪明灵巧，会制造各种机器取代所有人工劳动，机器就像我们活生生的、有理性的人和动物。很多人将无事可做，穷人、失业者将难以饱腹，人类将忍受难以置信的痛苦。"[40]女哲学家汉娜·阿伦特[2]也支持这种观点："我们的未来是一个失去了工作的劳动社会，也就是说劳动是它唯一还理解的社会活动。还有什么比这个后果更严重吗？"[41]

1　雅各布·洛贝尔（Jakob Lorber，1800—1864）19世纪奥地利作家，是一位多产作家，主要著作有十卷本《伟大的约翰福音》《从地域到天堂》《地球和月球》《伟大时代的时代》等。——译者注

2　汉娜·阿伦特（Hannah Arendt，1906—1975）美国犹太人，20世纪最重要的政治哲学家之一，因其关于极权主义的研究而著称于西方思想界。著有《极权主义的起源》《人类的境况》《平凡的邪恶》《权力与暴力》等，她的著作被翻译成多语种。——译者注

在布特尔韦格眼里，推动"全民基本收入"的呼吁就好像是反对福利社会国家的一个新自由主义阴谋，这也难怪他得到了被误导的左翼梦想家的支持。在我们募集资金前应该清楚，"全民基本收入"的金额究竟确定在什么范围才能使人们满意。在德国，领取二类（哈茨—4）失业救济金的人，单身的每月固定领取 416 欧元，还有住房补贴，根据地区不同最多每月 590 欧元，另外还有医疗保险护理保险和养老保险补贴 130 欧元，再加上一些实报实销的小额项目补贴，比如热水或者搬家费用等。在德国根据所在地区的不同，一个单身失业者每月可领取的失业救济金大约在 950 至 1200 欧元。

在这种情况下，企业家格茨·瓦尔纳尔提出每人应得 1000 欧元的基本收入，同时取消所有社保补贴和住房补贴，就显得很奇怪。[42] 对于绝大多数领取二类失业救济金的人来说，这一建议意味着他们的经济状况将会恶化。这个建议距离瓦尔纳尔的崇高目标——让每个人都过上有尊严的生活——渐行渐远。如果一个人住在慕尼黑，从 1000 欧元的基本收入里扣除房租 590 欧元，他还剩下 410 欧元，余额还要支付医疗护理保险。戴着人道主义面具的提议显然没有经过深思熟虑，这也更证明了布特尔韦格的怀疑——全民基本收入只会加剧公共社会贫穷。

"全民基本收入"合理的金额应该明显高于迄今为止的哈茨—4 失业救济金，至少应是 1500 欧元。布特尔韦格的贫困理论因此而显得苍白无力，至少在这里激起了左派的不满情绪。为什么德国所有人，包括亿万富翁也应该从国家获得 1500 欧元的馈赠呢？左派心中充满愤怒，不仅是布特尔韦格，就连左派政党的国会议员格雷戈尔·圭兹也非常愤怒。[43] 显然他们的思路也没有经过深度细致的梳理。国家分给 60 个亿万富翁基本收入的金额在统计上无足轻重，甚至可以忽略不计，重要的是需要一个新的税收模式。百万富翁和亿万富翁在未来要缴纳更多的税，比起他们领取的基本收入的金额高得多得多；征税不通过收入作基数收取，否则他们可以通过住所搬迁和设立皮包公司巧妙地避税。

*

　　未来社会该如何征税呢？我们知道，从第一次工业革命以来就存在"机器税"的主意。为什么我们不向蒸汽机、拖拉机和未来的计算机以及机器人征收税呢？这个想法很古老也很美妙，但是自古至今都缺少说服力。因为征收增值税会降低附加值，这也正是为全民基本保障筹集资金所需要的资金。如果只有单独一个工业高度发达的国家这样做，而其他国家不跟随，这也是完全不可能实现的。假如比尔·盖茨很快再次提出了"机器税"这个想法，他也不是要为福利社会筹集资金；他只不过像个魔术师的学徒在呼吁幽灵放慢速度，因为他担心人们无法跟上数字化的发展速度。

　　除了"机器税"外，还有一个观点也很流行，即通过"负税率"为"全民基本收入"提供资金支持。在德国的讨论中提出了多种模式，例如"乌尔姆资金转移限制模式"（TGM）、图林州前州长阿尔特豪斯提出的"公民固定津贴模式"。各种模式不同，但核心理念是相同的，都认为应该由收入所得税为"全民基本收入"提供财政资金，例如利息收入、租金收入和红利股息收入等。大多数模式给"全民基本收入"设定的金额比较低，比如格茨·瓦尔纳尔提议每人1000欧元；各种不同模式也都考虑了不利于领取失业救济金者的情况。因此，他们提出经济上更好的激励机制鼓励人们赚取额外收入，并承诺大规模缩减官僚体制。

负税率这一想法产生于20世纪40年代，密尔顿·弗里德曼是其最著名的代表。鉴于在工业高度发达的国家，未来会有数百万人失去有偿工作，负税率这个观念看起来就很费解，它最多只能算一个杯水车薪的尝试。如果越来越少的人从事有偿工作，有工作的人就不能用他们的劳动为福利社会积累足够的资金。很多对"全民基本收入"持怀疑态度的人认为这个想法很有吸引力，它更好地激励了没有有偿工作的、领取基本收入者找工作。但是，只有当人们明白了全面就业的时代很有可能已经走到尽头时，人们才能理解这种情况。因此对于数字化革命大规模缩小了劳动市场的新情况，负税率的旧观念并未能提供解决方案。

可见，适用于未来的规划不得不放弃通过有偿工作为基本收入集资的想法。比如，格茨·瓦尔纳尔的建议，用消费税取代收入所得税；考虑对自然资源首先是对土地和地产价值征税；考虑征收二氧化碳排放税或者环保税，等等。这些建议都有它们的优点，也都值得考虑。但是并不是每个土地和地产所有者都缴纳得起高额税。另外，向企业征收排放二氧化碳税，似乎在德国现行法律条件下很难实现，当然这并不意味着法律不能修改。

所以现在只剩下了迄今为止最好的一个想法——为什么不

对金融交易课税呢？这是以瑞士前副总理奥斯瓦尔德·兹格为首的财政专家组成的工作组提出的建议。[44]自那以后，瑞士的支付往来创造的收入增长到了国民生产总值的300倍。如果对每一笔货币汇划征收0.05%的"微税"，那么它将会为瑞士每人2500法郎的"全民基本收入"提供足够资金。这个"微税"对普通公民微乎其微，几乎没有任何影响；它的收入90%来自金融经济，特别是来自高频金融交易。

人们之所以讨论金融交易税，主要是为了防止金融投机比投资实体经济更值得冒险，尤其是今天巨大数量的金融投机已然成为现实的恐惧。此外，这样的课税政策在凯恩斯来看应该可以阻止20世纪30年代的金融泡沫和股市崩盘。面对全球金融危机，2011年欧盟委员会着手研究金融交易税的提议，但遭到了英国的激烈反对，因为没有哪个欧盟国家像英国一样依赖金融业，金融业是其经济支柱。到了2013年金融交易税草案完成时，只剩下11个欧盟国家对此还有兴趣。金融危机过去的时间越久，对金融交易税有兴趣的国家就越少。金融业的说客们又一次赢得了优势，脆弱的论据淹没了各大报刊的经济专栏。无论人们对国民经济的缺点提出什么反对意见，其优点远远超过其缺点。金融交易税稳定金融市场，减少股市上的赌博风险，失败者只能是那些极端的赌徒。[45]

唯一有分量的反对意见并不是从国民经济角度出发的，而是源于一种恐惧，担心金融投机者随时有各种可能性逃税、避税。提出如此反对意见的理由，就好比是要人们放弃打击犯罪行为，反正犯罪是一次又一次地发生。大家都很清楚，参加金融交易税方案的国家越多越好。但是根据历史经验，没有哪个社会进步是 28 个欧盟首脑决议一致取得的。过去人们既没有废黜奴隶剥削，也没有实现女性平等权利，同样地，今后金融交易税在欧盟也不会获得一致通过。所有的社会进步都是先从一个国家开始，然后在其他的国家产生多米诺骨牌连锁效应。

如果人们都能乐观地看待金融交易税，以便将其收入用于支付公民的无条件基本收入，那么以前四分五裂的欧盟国家立刻就成为了坐在同一条小船的真正盟友。因为他们所考虑的不再是或多或少的金融业问题，而是另一个很大的社会问题。法国、德国、波兰和意大利都要面对相同的问题：怎样阻止中产阶级社会地位下滑？如何预防社会激烈动荡？推动社会进步的动力总是冲动和灾难。我们现在就应该着手计划，而不是在兵临城下的时候才匆忙应付。

瑞士对每一笔金融汇划征收 0.05% 的微税以满足为瑞士的全民基本收入提供资金，可以计算一下，德国需要征收几个百分点以满足德国基本收入所需的资金。在德国百分比可能会高一些，但是肯定还是极其微少的，对大多数人几乎没有什么影响；还应该考虑涉嫌金融投机炒作，将其后果也计算其中。微税可在一定程度上降低赌博性投机，这对金融市场的稳定具有重要价值。富裕国家的"全民基本收入"也可以通过这种方式获得安全融资。毕竟，全世界范围内金融衍生品交易总量高达 600 万亿到 700 万亿美元，是全球国民生产总值的 10 倍！所以说"全民基本收入"不会因为缺钱而失败。对金融交易征收微税至少在中短期内是个最好的主意，只要国际金融经济还像今天这样……

*

对"全民基本收入"提出的所有问题中，融资问题是最小的问题。最令人焦虑的是心理问题，涉及当前和未来的人类形象，各种信仰、偏见、文化印记和心理等相互碰撞。

特别是左派，众所周知，他们和意想中的敌人奋战，认为人需要有偿劳动。然而，这个"人"是谁？在奥迪公司研发部的一次研讨会上，一位工程师说，"人"从本质上来说是"问题解决者"。当遇到欠佳情况的时候，人总是去努力改善。当时我想，也许这就是奥迪的工程师们吧，我周边的人真的很少思考怎样改善，更别说发明什么了。

对于"人"这个概念要小心谨慎，用尼采的话来说，人类是"尚未定位的动物"。哲学家卡尔·施密特[1]认为："谁评说人性，谁在撒谎"。给人性作明确的定义并不容易，因为人性本身有很多因素，取决于他所生活的环境和条件。对于中世纪的一个欧洲人来说，命运当然是掌握在上帝的手里，他坚信上帝王国的千禧年在地球上即将开启。这个信念今天对我们来说似乎很奇怪，但现在社会流行的说法也是不可思议的论断。如果人不为钱工作，他就不知道自己该做什么，会失去生活的意义。这种论断是一个

---

[1] 卡尔·施密特（Carl Schmitt，1888—1985）德国法学家、思想家，对20世纪政治哲学和神学思想有重大影响，其中以"决断论"著名。其学术思想受马克斯·韦伯启发和影响。专著《论罪责与罪责模式》《国家的价值与个人的意义》《法与权力》《宪法学说》。对主权概念的研究专著有《论专制》《政治神学》等。——译者注

不折不扣的假设，它给每个家庭主妇、每个退休人员、每个过着奢侈生活的夫人或太太、每个皇室的子女、每个热带雨林的原住民和每个马赛勇士，打上了不幸福的标签。

只有一点是对的，目前在德国这样的社会里，如果人们失去了有偿工作，又找不到新工作，很多人就会感觉糟透了，觉得自己一无所用。他们的问题不是人类学的范畴，而是现代社会学的。19世纪的农民或工人从来没有想过，人应该通过有报酬的工作来创造自己或者自己的生活；人应该利用他的天赋才华，生活要有创意，要实现自我。这些都是高度现代化社会的要求在20世纪的历史发展中逐渐形成。错失了目标，人就只能自食其苦果。今天仍然有很多人所从事的有偿工作并不能满足这些要求。如果社会能够让人实现自我或者人可以利用自己的才华工作和生活而无需考虑有偿工作，毫无疑问那将是一个社会进步。

在当今社会，失去了有偿工作也就意味着同时失去了社会的承认，对自尊心是极大的打击。遭受这一打击的人会怀疑自己是数字革命的失败者，对于这一点，即使是全民基本收入也不能改变什么。之前还在制定符合领取失业金名单的政府部门也大规模裁员，自己也加入了失业大军。唯一还能找到的工作——送快递或者在呼叫中心工作，几乎不会比完全不工作获得更多的社会承认。如若再给这些人讲"要活到老学到老"的道理，恐怕让人觉得更多的是讽刺和奚落。

实际上，从好职业到坏工作的发展趋势早已形成。1993年德国有440万人从事没有社会保险的工作，到了2013年这一数字上升到了760万人，而且这个趋势还在上升。员工不再关心为员工提供保护和安全感的企业文化，他们是一群忙碌的打工族，或者在人力派遣服务产业（Gig-Economy）将自己陈列待售，比如优步司机。[46] 在南欧一些国家数字化的影子经济在过去的几年内大幅增加，它暂时掩盖了传统的劳动社会危机。特别是在西班牙，人们在网络平台（Airbnb）出租自己的公寓获得收入，不再支付社会保险。过去简单的善行，例如行车时捎搭载陌生人一段路，给学生提供一个短期住所，现在都变成了冷冰冰的生意。社会行为完全商业思维化，硅谷的深远影响破坏了日常的社会道德，这令人非常不愉快。

有偿劳动的世界早已不再是反对"全民基本收入"提议的群体所想象的那样了。有偿工作意味着社会承认、自我满足和被需要的感觉，但是常常这还不够。布特尔韦格说："在劳动社会里，生活满意度、社会地位以及自身价值的认定取决于人所从事的职业。"[47] 这与现实存在矛盾。首先，对许多人来说这绝对不是事实；其次，劳动社会正逐渐消失，对于大多数人来说，有偿工作的社会意义不再是社会的主流思想。

总之，不是全民基本收入让很多人失业，而是数字化经济。全民基本收入是减轻物质窘迫压力的一种尝试，它努力把"不为钱工作的状态"从心理的和社会上的排斥咒语中解放出来。反对全民基本收入的批评家说得对，价值观不转变，全民基本收入没有任何价值。这不是一个解决方案，如同有些热情的支持者所说的，它只是一个社会的组成部分。

反对引入"全民基本收入"的人认为，德国的福利社会将会因此被摧毁。在这个背景下，应该怎样看待反对派意见呢？福利国家诞生于 19 世纪末 20 世纪初的劳动社会和绩效社会，基于大多数人有社会劳动保险的工作，充分就业是社会目标。联邦德国前劳动部长诺贝尔特布·吕姆提出的"团结自助"，即社会福利国家，是建立在"互惠原则"的基础上的。没有人会怀疑劳动和绩效社会的伟大成就，但是也没有人可以严肃地保证社会福利国家是完美无缺的。一些令人棘手的雇佣条件，例如临时工、兼职工作、无薪酬实习等，削弱了福利国家的福利基础，它变得不再是其原本的样子了。如果越来越多的有偿工作免除了社保缴费，也就谈不上什么"互惠原则"了。

　　尽管如此，反对全民基本收入的左翼批评家们，却对基本收入摆脱绩效思维这一事实感到困扰。老式特色的福利社会是一个由缴纳社保费者组成的福利义务共同体，交纳社保费的人得到应得的福利，并互相支持和帮助。全民基本收入，则是由税收融资，如果领取社会救济金，就不可以再领取全民基本收入。听起来很不错，如果一个人一生从事的都是需要缴纳社保费的低薪工作，那他现在或者将来一定会以很少的钱艰难度日，远低于全民基本收入所公布的 1500 欧元。认为这是公平的人，以奇怪的方式跟现有的社保制度达成妥协，难道这真的比对每个人都合理的最低保障更公平吗？

　　公平是一个含混不清的词汇。但是无论如何每个人都有权规划自己想要的生活。对一个自由主义者来说，如果每个人都有均等机会无限向上发展实现富裕，这是公平的；对一个社会主义者来说，如果每个人都能得到相同的一块蛋糕，这是公平的。从哲学的角度来看，这两种观点谈不上哪一个比另一个从本质上说更公正，也难怪在不断变化的经济条件下社会市场经济总要努力平衡这两种观念。如果福利社会国家受到了威胁，那是因为全球经济发生了迅速变化。谁若相信德国福利社会还能保持现在的形式，并能通过有偿劳动继续为其提供财政，那么他不是生活在当今时代，他也看不到未来。规则不能阻挡瞬间的变化，正如可以给正在枯萎的花经常换水，但不能阻止它凋谢一样。

2018 年的德国，只有 53% 的工作是按照工资标准支付工资的。退休后能够靠自己的退休金生活的人越来越少。在职者的社保费仍然是和有偿劳动挂钩的，这将成为他们的不幸，他们的退休金可能不会超过 1500 欧元。若全民基本收入实施，他们的生活将会得到保障；任何交纳了一辈子养老保险金且退休后可以领取高于 1500 欧元养老金的人也会得到相应的全民基本收入金额。这同样适用于所有已经支付了几年或多年商业养老保险的人，这样就不会有人对全民基本收入不公平而感到愤怒。如果认为退休以后 1500 欧元太少，人们仍然可以自愿购买商业养老保险。

但是，即使全民基本收入提高了养老金领取者的生活保障，推动实现基本收入在社会某些方面仍然存在一些阻力。首先，公平问题。为什么工作了一辈子的人，最后反而没有得到比从未工作过的人更多的养老金呢？这种不平衡的心态是可以理解的，就好像每一次的社会动荡很多人都会把自己看成是牺牲品，尽管他们只是心理上而不是物质上受到了损失。如果某些人的无条件职业道德（"永远工作，永远不靠国家来养活"）被全民基本收入取代，这也无可厚非。传统劳动社会和绩效社会里代代相传的自我认识突然部分地失效了（当然不是全部），绩效社会的主流观念和很多人认为的有价值的终生成就都会突然变得不同。难怪那些一辈子从事有偿工作的人忧心忡忡，担心未来愿意工作的人会越来越少。德国目前的现状难道不是十分缺少专业劳动力而很多年轻人却不想学一门手艺宁愿无所事事吗？

我们必须明白，世界历史上不曾有过绝对公平！发牢骚抱怨自己一辈子必须为了赚钱工作而很多人在将来则不必工作时，应该冷静地想想，自己是多么幸运没有生活在战争年代。为什么未来的一代人不应该享受比上一代人更好的生活？ 90 岁的女性当年是否应该反对妇女解放运动，因为当时的她不可能从妇女解放运动中直接受益。

其次，职业道德问题。如果实施"全民基本收入"会不会丧失职业道德呢？如果真的如此，它还是合理的吗？如果以前不得不为钱工作的人现在不再需要这样做了，他可以获得比以前更好的保障，这显然不是什么灾难。一方面有偿劳动正在消失，另一方面，在德国近代历史上终于将第一次出现劳动市场突破。重要的和有价值的职业必须得到合理的报酬，不会有人还愿意听社会民主党老生常谈的关于单亲护士母亲应得到合理报酬的竞选演讲。如果每个人都能获得 1500 欧元的基本收入，那么公厕门前就不再需要收费女工了；退休人员无需因养老金不足去开出租车；护士和护工终于可以获得丰厚的报酬。理发的费用会增加，但为什么服务员不能在基本收入的基础上再多挣 1000 欧元呢？如果护士和护工愿意，现在也可以在基本收入的基础上通过劳动再多赚一份钱。从剥削制到拉法格的每周 21 小时工作，这是一个很大的进步。

受雇人员对工作质量和工作环境的要求提高，没有服务员还愿意在工作环境恶劣的饭馆工作，像麦当劳那样工作条件恶劣的商业模式将成为历史。由机器人和计算机操作的服务行业将来会更便宜。价格结构性的改变一直存在，德国今天的肉价比20世纪50年代便宜了很多倍，而工匠的计时工资翻了好多番。

第三，丧失焦虑感。全民基本收入抑制了从事简单无聊工作的动机。简单工作涉及很多行业，这些行业将会最快被数字化，但未来德国的失业者不必再忍受内心深处焦虑的折磨。从这个意义上说，《时代周刊》编辑贝恩德·乌尔里希将全民基本收入恰当地称为克服劳动恐惧的"社会契约"。[48]继减少恐惧的教育文化之后，还将会出现一种很大程度上消除了恐惧的劳动文化。只有那些不喜欢劳动的人才不喜欢这种劳动文化。但是他们也不敢断言，雇佣劳动是人类的本性。

生存恐惧消除也会让有些人认真考虑，我们究竟想要做什么？物质基本保障固然是一件好事，但还远远不够。实现"全民基本收入"后，恐怕会有不少人没有动力参与有社会意义的活动，但今天也有不少这样的人。

*

为实现有人类尊严的全民基本收入而努力的人都希望建立一种新型社会。在新型社会里，人的价值评判在很大程度上脱离有偿劳动。富裕社会为弱势群体提供生计保障，完全不同于需要申请和排队等候的机制，这是文明史上一个伟大的进步。为了获得这一进步，需要付出的不必是普通工人，而是拥有巨额资金的企业、银行、机构和个人，他们巨额的利润会部分缩水，"受害者"将会幸存下来。

当然，不能因此解决所有的问题，更棘手的是结构性困境。数字化大大提高了生产力，对此几乎没有人有异议。[49] 如果机器人和计算机在未来可以比人类生产更便宜、更多的产品，为什么不能生产更多的收益呢？引入机器人的结果却意味着大规模失业。以前从事高薪职业的技术人，现在没有了工作，只能勉强维持生计。网络公司评估私人数据，对顾客更有针对性和操控性地发送广告，这对国民经济完全无关紧要。如果人们口袋里只有少得可怜的钱，无论广告多么富有诱惑力，消费力都会降低。生产合理化有望能给国民经济带来更多效益，而消费合理化则不能，至少是在购买力没有同步提高的情况下，消费合理化并不能给经济带来更积极的影响。

生产力和购买力发展不协调，在 20 世纪 70 年代的很多西方国民经济中都曾出现过。在德国，生产力远远高于购买力，其发展结果是众所周知的。国内的购买力相对生产力越低，出口就越重要。还有一种是人为造成灾难——国家和私人负债，美国就是一个明显的例子。如果购买力由于未来大批解雇而迅速下降，将会出现什么情况呢？以前各种服务由有偿劳动者提供，现在被所谓"劳动的客户"和"产销者"替代完成；以前给有偿劳动者支付报酬，现在给"劳动的客户"和"产销者"支付合理的报酬，是逻辑一脉相承的结果。从这一点上来看，全民基本收入相当于企业对外包给顾客的工作统一支付的一种形式。

结构性困境问题并没有因此得到解决。全民基本收入水平必须多高才能真正弥补由于合理性数字化而造成的购买力下降？前文提到的 1500 欧元肯定是不够的，但是支付更高的基本收入不可避免地会导致全新的劳动市场秩序，有可能另外一种社会制度出现，这个问题我们在本书结尾处再讨论。

1500 欧元的基本收入会明显提高低收入人群的购买力，这对国内消费市场很有益处，但是也容易导致社会弱势地区的房租上涨。因此，各级政府应该从一开始就要以敏锐的眼光关注并且考虑应对措施。当然任何一个大规模的行政机构改革都是不容易的，特别是国家要设立哪些门槛以阻止外国移民进入一个人人有 1500 欧元基本收入的国家。实际上，在实施全民基本收入政策的社会问题与今天没有什么不同。在一个来自阿富汗或者苏丹的难民眼里，德国福利社会现在已经被认为是天堂了，基本收入几乎不会再增加这种强大的吸引力了。

"全民基本收入"会在德国实现吗？会的，最迟会在官方公布的失业人数超过 400 万或 500 万的临界时。关键问题是将要引入一个什么样的全民基本收入体系？会是一个通过负所得税支付的 1000 欧元基本收入的体系吗？这显然不会是人类的进步，而是人类的厄运；摧毁人类社会的幻想不会使社会有任何改善，反而变得更糟糕。或许我们可以努力使乌托邦变成现实，利用第四次工业革命克服贫穷和压迫？这个问题不仅仅取决于基本收入的金额，还要考虑我们能否保持社会透明度。我们是不是该尽我们所能让每人都有能力过上充实的生活，我们应该生活在什么文化中，技术在其中扮什么样的角色呢？

～

　　为了让人们能够自由地生活，必须满足人的基本需求。在一个人道主义的未来社会里，基本需求可以通过"全民基本收入"得到物质保障。这将消除一个错误的观念——误以为基本收入只是对有偿工作基础上的"业绩"的一种支付形式。社会保障将摆脱对许多人的社会生活成就视而不见的、片面的业绩概念；强制人们从事单调乏味的工作被取消，它将把人类视为自由个体的乌托邦社会创造物质基础。

自主构建生活

——好奇，动机，意义和幸福

世界上最幸福的人不生活在硅谷，而生活在挪威，其次是丹麦、冰岛和瑞士。对于一个创造未来的国家来说，美国忠于谷歌的座右铭——"做正确的事"，美国在《世界幸福报告》排行榜上仅名列第 14 位，表现不甚佳，且十年以来一直呈下降的趋势发展。2017 年联合国发布的《世界幸福报告》甚至证明了美国的一个条件制约性的错误：如果只看经济数据，就会加剧社会分裂，信任缺失，加剧官僚腐败、社会不满和种族冲突。[50]

毋庸置疑，科学技术在文明化进程中为人类进步做出了巨大的贡献。但是让科技和幸福在全世界并驾齐驱，这是一个令人不可思议的主张。新加坡，世界上数字化程度最高的国家，[51] 在幸福排行榜上仅排名第 26 位，甚至排在阿根廷和墨西哥之后。激进地把技术和幸福等量齐观代表了一种意识形态：片面夸大人类形象，片面解读历史。《世界幸福报告》认为，幸福在于社会福利、健康、自由、收入和善政等因素。当然了，科技可以为提高健康水平或者提高收入做出很大贡献。但是仅就其自身而言，它既不能保证自由，也不能保证社会福利，更不能保证善政；甚至有可能阻碍所有一切——在滥用的情况下——甚至是关键性的障碍。《世界幸福报告》把失业率列为影响幸福指数的重要因素。按照旧的资本主义伦理学说，在劳动社会和绩效社会的规则下这种说法实属常情。同样地，"恶劣的劳动条件"也是影响幸福的因素。但是，这种痛苦至少可以在像德国这样生产力发达的国家，通过全民基本收入在很大程度上得以缓解甚至消除。谁知道德国在未来是否还像现在一样排名第 16 位呢？仅凭一个较高的国内生产总值不会使我们的国家更幸福。根据联合国的幸福指数报告，自 20 世纪 90 年代以来，中国的 GDP 国内生产总值翻了五番，今天的中国城市家庭每家都拥有洗衣机、电视、冰箱。然而在幸福排行榜上，中国仅位于第 79 位，没有比 25 年前更好。

当然人们可以讥笑幸福排行榜，幸福难道是可测量的吗？谁能说清自己有多少幸福？幸福感不是随着时间每天、每小时、每分钟在变化吗？所谓的幸福经济学是一门令人怀疑的科学，因为，它要精准测量不可精准测量的东西。谁要想测量幸福，他一定没有理解什么是幸福。

那么，什么能够带来幸福？关注、尊重、信义文化、自我肯定、自我效能、表达诉求的艺术、没有生存恐惧、良好的环境和朋友，等等，自古希腊以来这些就熟为人知。为了增加或保持人们的幸福感，像德国这样的富裕国家并不需要进一步的物质增长。GDP 增长的百分比不是幸福增加的百分比，GDP 不是为了让人们更加幸福而必须增长。它之所以必须增长，一方面只是为了向我们的旧式福利国家提供资金，另一方面为推动我们经济的发展，经济发展动力承诺人们可以获得更多的福利，即便不能惠及每个人。同时它也带来更多的能源消耗，更多的资源掠夺，持续不断的气候变化和更多的浪费。

科技的每一个进步，带来舒适的同时，也压缩了我们的生活空间。19世纪和20世纪初的机器时代为先进的社会注入了活力，使社会更热闹、更鲜亮、更加繁忙、更丰富多彩。寂静和清闲不再有价值了，知足和满足也不再是美德。大自然不再是它原有的样子，它成了一种资源，应该被有效地利用和开发。如何应对大自然，这意味着尽最大可能去改造它。生命被定时，发展比生存更重要，到处都潜伏着应该比现在更美好的未来的诱惑。现代主义显而易见是不满足现状的时代，到处都能找到比当前更好的东西。

然而，在20世纪初，这些远远尚未深入人心。我祖父母那一代人，即跨世纪后不久出生的那一代人，他们在很大程度上寻求的不是风险，而是安全感。经历了两次世界大战的动荡、恶性通货膨胀和社会制度的改变——从帝国转变为魏玛共和国，再转变到希特勒独裁统治，然后进入联邦共和国——人们寻求社会安定、生活稳定和小康繁荣。在60、70和80年代，人们的期望不断升高，开始追求更多的旅游、更高的消费、更高的社会地位。除了朋克、摇滚明星和方程式赛车手以外，还有谁希望一个破碎的生活？追求高消费的贪婪欲望每天都受到广告的刺激——数字化的新承诺、不断变化的生活、经济的全面颠覆以及无视现行经济规则的生活，这在今天仍然不能满足大多数人的需求，更不用说人与机器、现实与虚拟的融合。

关于人机融合这点可能会有一些崇拜者，但只是少数。硅谷的投资家们所坚信的输或赢，未必适用于德国林堡和伍珀塔尔这样的城市。显然那里有更多的人认为，真实的体验才有价值，简单说来就是此时此地的现实生活才有价值。区别真实的和虚拟的生活对他们来说很重要，前者高于后者。正如《世界幸福报告》所示，他们对幸福的衡量标准不是科技进步，而是自古以来属于人性的东西。

如果是这样的话，那么任何一个乌托邦的目标都是尽量保持更多的人性，重新赢回丢失的人性，甚至在变化了的环境里扩大人道主义的影响范围。正如第一次工业革命，尽管宣布了人权，但为了不再把人类视为实用工具，需要工人运动作为纠偏。今天也需要一个强大的运动来抵制第四次工业革命的负面作用。又一次，是为了让劳动世界更加人性化；又一次，是为了捍卫有偿劳动之外的真实性和人性，从人类形象的技术局限性中获取活动空间。把人作为机器齿轮的一部分，或者把人作为可操控的密集数据混合体，在这两种人类形象的背后同样都是无视人类的生命。

因此，我们的任务很明确：在激进的效率思维时代重新挖掘效率以外的东西。因为，科技发展，正如硅谷所梦想和所宣扬的，不会让我们成为"超级人类"，而是让我们成为一种没有辅助工具则将一事无成的生物。我们的手工技能会消失，语言表达能力会降低，记忆力将减退，想象力局限于现成的图片，创造力只遵循技术模式；我们的好奇让位于舒适，总是急躁，不能忍受没有娱乐的状态。如果说这就是"超级人类"，又有谁愿意成为他们中的一员呢?

在人类历史中,文化服务于生活,科技服务于生存。而当今,科技决定生活。哪一种文化可以保障我们的生存呢? 回答这个问题是乌托邦的任务。我们怎样才能永久维护基于良好愿望建立被人所珍视的"人类的"价值观,使人类这一物种最终不会消亡灭绝呢?

已经有人在谈论这方面的话题。无偿活动和有偿劳动之间的界线不应再固定不变,否则,二元社会就会受到被全民基本收入,以及被消费和娱乐供养着的"无用者"的威胁,这个社会还会受到另一较小群体的威胁,他们善于经营,赢利越来越多;他们的职业代代传承;他们居住在"极乐园"里。与此相反,我们需要一种模型,它基本上使所有领取全民基本收入的人都能很容易随时重返半职或全职的职业生活,或者作为创业者开拓事业。在没有有偿工作的情况下生活两年,这在变化了的就业市场条件下不应该成为羞耻。有一点可以肯定,即便是未来也需要训练有素的专家,他们下午进入手术室之前,早晨不用去狩猎和牧羊。但是未来必须让猎人、牧人和评论家克服每个障碍,让他们可以自由转换身份——尤其是额外收入不能被全民基本收入抵消。

在有充分物质保障的基础上,未来需要"自我组织""自我负责"和"自我授权"。但是,积极塑造人类的生命世界、制定打磨计划并做认为有意义的事情,也都是未来社会的必备技能。只有那些已经学会了生活,或者至少没有因为糟糕的教育或根本没有受过教育而忘记了生活的人,才能把生命掌握在自己手中。也只有在这样的前提条件下,我们才能想象一个全新的、自信的社会将会形成，人们可以利用数字手段为自己获取资讯和安排生活。而且，未来的人道主义社会的问题不可能仅仅由"下层"来决定。与每一次的社会变革一样，自我组织的人民需要国家政策的帮助，国家政策会着手研究人民的意识转变。

对此，开放的社交网络平台比起脸书、推特或者 Instagram 等社交网络会有更大的帮助。我们知道，虽然数据服务运营商创造了巨大的交换平台，但幕后并不代表自由，而是商业操作。平台本身的兴趣与使用者的不同，使用者不可能参与社交网络运营商对数据的处理。数字企业的商业模式不透明，他们的权力日益强大，人们认为他们完全出于自身利益暗中操纵社会。任何在脸书上交流的人，都会为推动权力大转移——从政治领域转移到科技寡头领域——做出贡献。当一个人决定是否进入数字空间时，就开始了自我授权。对许多人来说，这种努力仍然非常困难，因为，其后果是幽灵般难以预测。如果没有立法者的积极帮助，阻止某些不道德的商业模式，那么在这方面普通用户显然无可奈何。

古罗马哲学家西塞罗曾用"cultura animi"这一词描绘全新的"文化意识"，意为重新珍视我们生活中的事物和环境的价值，更加仔细地观察，投入更多的时间自主行事，而非点击某个按键，然后等待发出嘣嘣的声音或一个新画面的出现。谷歌副总裁塞巴斯蒂安·图鲁恩说："我们人类不应该做重复的事情，为此花费时间太可惜了。"[52] 他说这句话的时候，看来他并不知道，人究竟是什么。人生中充满了重复的事情，这不应该是一种遗憾：吃、喝、睡觉、闲聊、拥抱、做饭、做爱，对大多数人来说，充实的生活包括千篇一律的日常生活和受人喜爱的礼仪。

在这方面，充实的生活的特殊之处在于并非所有这些活动都有一个明显的目标。人们既没有必要为了生存而做这些事情，也不须为了赚钱而做这些事情。玩扑克牌、踢足球、侍弄金鱼花草、养宠物，或者与朋友一起喝酒，这些活动既不是生存必需，也不会让人们发财致富（专业赌徒，驯犬者等除外）。与建立保险帝国或在世界各地销售危险农药不同，这些活动都不会被社会看作是业绩或成就。

对于人类来说，为了达到社会认可的、重要的目标而从事某项活动，这种活动并不一定有价值。很多活动的意图完全在于自身：做某事只是因为喜欢这样做。依曼努尔·康德早在二百多年前就指出，这样一种"无目的的相宜性"是艺术的精髓。奥斯卡·王尔德在描述未来的人类是艺术家时，他的观点跟康德基本一致。即使在 21 世纪，从事自己喜欢的活动，也会对生活艺术做出重要贡献。幽默、酗酒、体育运动和多数性生活都没有实际目的，但往往有助于获得生活的幸福感。[53]

每个乌托邦主义者都必须考虑这些。内在的动机，即自主决定的兴趣，必须是每个乌托邦理念的核心，它在眼花缭乱的丰富多样性中展现出人性。与此相反，总做有用功只是那些低级动物的特征，如同蚂蚁每天忙忙碌碌只做有用的事情。可以说，正是生物的可有可无的丰富多样性才使人类成为人类。快乐幸福，成为一个善良的人，意味着让自己从"目的唯一论"中解脱出来。友谊不应该依靠成本—利润—预算的模式维护，同样也不应该用这种模式教育自己的孩子。当然了，我们仍然可以向孩子们反复灌输，只有这样才能期待将来获得具体的、有物质价值的生活优势。我们可以给孩子们在这点限定条件，为了获得更高的荣耀和更多的金钱，要始终出类拔萃。他们犹豫不决时，就像奥斯卡·王尔德所说的那样，他们知道物品的价格却不知道它们的价值。给人带来欢愉的交响乐或深刻的文字，在他们眼中变成了可销售的"满足"（通过使用这个词可以识别出一个人是否受过真正教育和心灵培育）。但是，为什么人们要不惜任何代价获取更大的荣耀和成功呢，甚至还要以不快乐的童年为代价！对这个问题，英国文化评论家泰瑞·伊格顿[1]写道："没有特别有启发性的答案，但是无论何时，我们都必须给出一个最终解释。"[54]

文化的意义远远高于实用性。进步不是因其本身优越，而是它带来更多的人性方能凸显它的优越性。所以，硅谷的首席理论家极力把他们的商业模式当作一种理念来推销：透明，无限制沟通，彻底消除人类意识的认知界线，这些也被视为人类进步而倍加赞赏。人类不是一直想要克服时间和空间的局限吗？不是一直想要挣脱局限意识的桎梏吗？是的，也许有一些人是要这样的，但是也有一些人不想要这样。他们更喜欢在平和中呵护人类、珍惜生活，这对他们来说更珍贵。在此，我们要特别注意，在关于"人类"想要什么、"人类"向什么方向发展的问题上，须谨防意识形态上的形而上。这些问题不是由涉及人类本性的高谈阔论决定的，而是基于对生活的深入观察、对人类真实需求的充分了

1　泰瑞·伊格顿（Terry Eagleton, 1943—　）英国马克思主义文学理论家，英国兰卡斯特大学英国文学教授。主要著作有《文学理论导论》《美学意识形态》《后现代主义的幻象》《文化的理念》。——译者注

解，以及通过讨论、争议和政治辩论做出的判断。

　　无论如何，呵护人类和珍惜生活属于人类的需求，这已经获得验证。同样，类似的人类需求似乎还有放弃、搁置、保存、清除和处理过去的东西等。年轻人也会喜欢他们曾祖父母的沙发椅，如同喜欢平板电脑一样。发展并不总是比现状更有价值，面对持续发展，与过去的历史割裂，并没有显著地增加社会价值。

　　西欧人在19世纪对上帝信仰越少，对进步就越崇拜，但进步并不是上帝。到了法国人奥古斯特·孔德[1]时期，19世纪的进步等同于公民宗教。"秩序与进步"——巴西国旗上的格言，即出自这位实证主义哲学家。动力是人追求更高目标的原动力，进步是追求的目标。满意成为过时的态度，现状成为不合时宜的状态，只有未来才有意义。就这样，从维多利亚时代直至21世纪的当代社会，对现状的不满成为了进步的动力。客户满意度不能维持太久，否则他不会打算购买新的东西。我们的社会从一个满足需求的社会变成了一个催发需求的社会，幸福总在未来。

　　如果认为这种社会特色符合更高形式的逻辑或理性，可以说是荒唐至极的。各国人民的生活智慧，特别是东亚哲学，与这种不安于现状的社会特色是矛盾的。主张赞赏、珍藏和尽情享受眼前的时光，这在古代智慧和基督教教义里同样也都有记载。然而，在充满各种智能设备测量一切的社会里——记录步数、楼梯、血压、心率、睡眠、卡路里、情绪、日常生活、例假、维生

1　奥古斯特·孔德（Auguste Comte，1798—1857）法国数学家、哲学家，社会学和实证主义的创始人。主要著作有《实证哲学教程》（共六卷）、《实证政治体系》（共四卷）。——译者注

素和肝功能等数据——用与数据不同的方式记录日常看来并不容易。任何不断测量自己的人都容易把自己当作一个客体，而非只是单纯的存在。马丁·泽尔曾说过，可测量的一面不是世界，它只是世界可以测量的一面。同样地，能自我测量的一面只是自我可测量的一面，并不是全面的自我。还有什么比为记忆保留数据更无聊，或许除了作为个人遗产留给子女的数百万计的自拍照，这只能证明妈妈或者爸爸总是只忙他们自己。

　　然而，通过所谓的"自我跟踪"监控自己的人越多，人们就越习以为常。我的形象不再是由我的人生经历和我的自我评价构成，我的形象没有"叙事"，只有拼凑。我们不再是身份认同的叙述者，而成为所有为我们提供优质服务的个人／企业的计数器和数据供应商，我们被分类打包出售。

　　想要健康生活的良好愿望可以理解，但是，我们的健康要取决于最有效的解决方案，这应该是一种意识形态。追求效率不是人的自然属性，大自然是没有效率的——它的本质就是浪费。维多利亚时代的人的一维形象也曾深刻影响了达尔文，它单方面限制了我们对人的生物本性的看法。与达尔文同时代的卡尔·马克思也注意到了这点，"这很奇怪。"他不无风趣地说，"达尔文在他的动物和植物世界里，重新发现了英国社会的劳动分工、竞争、开发新市场、'各种发明'和马尔萨斯所谓的'生存挣扎'。"[55] 尽管如此，生物学家和进化心理学家今天仍然随处可见大自然杰作的"策略""优势"和"概算"，虽然它们并不存在。如果上述的说法合理，那么动物行为的目标主要是在于节能，尽管大自然作为一个整体是没有任何意义的巨大的能源挥霍。

在这种背景下，优化人类的任务在不同的背景显现出来。为什么自我优化应该是个人、甚至是人类物种的目标？为什么人要彻底摆脱其动物性，抛光其表面，使自身的气味像一台机器那样中性？看来硅谷的一些极客们不能正确认识自身。尽管古希腊哲学家也曾建议，要自我教育，扩展自己的知识，磨砺自己的美德，但是要人克服人性，至多也只存在于普罗提诺的深奥教义中。普罗提诺认为，追求的目标不是机器，而是和宇宙融为一体。

要想战胜人类并创造超级人类的人一定缺乏对人类的博爱，或者道德观不强，抑或两者兼而有之。神话被赋予了自由，人类历史也早已被标记为进化的历史，最终将出现人机融合的科技新世。或者，在更糟糕的情况下是自主机器的独裁统治。基督徒在中世纪时就已经预言了地球上将出现一个上帝的千年王国。同样，纳粹主义分子也努力寻求"天意"，期盼天将降千年帝国于斯人也。令人欣慰的是，制造一个真正完美的超级人，硅谷还尚未考虑过。只有不完美的人，才能保证将来受到购物欲望的刺激，受每个操控的诱惑。一个完美的人，一个自主行事的、熟悉自身环境的人，意味着硅谷的灭亡。

*

我们知道，除了地质灾害之外，人类历史是由人类而非自然力量创造的。虚构的既定世界进程只不过是一种营销手段。硅谷人把未来的幻想冒充为未来，人道主义的乌托邦不会受其影响，它的进步理念是将数字技术视为未来更美好的辅助工具，而不是人类发展的终极目标。当然，自古以来，作为身体有缺陷的生物，人类一直努力借助智慧把自己从烦恼中解脱出来，尽量构建比较轻松的生活。但是，无止境地追求便利和舒适不会实现人类目标。越来越多的舒适同时也意味着越来越少的幸福，至少在没有什么事情可做的时候。人作为一种活动的动物，不是石鱼，不是蜘蛛，也不是珊瑚，极致舒适的状态是一种停滞静止的状态。认为人最幸福的时刻应该是除了按键和滑移之外无事可做，这是一种非常怪诞的论调。

人道主义的乌托邦并不预设固定的世界进程，而是基于真实的需求。生活中几乎没有什么可以更好地显示我们和时间的关系，"我们的时间如白驹过隙"，"坐地日行万里"，这两句话表达了很多人今天的感觉，虽然人们知道事实并非如此。但是，为什么几乎每个人都会有这种感觉，尽管情况不可能是这样呢？

一个主要的原因是，大家都相信我们必须充分有效利用时间。同时，我们有越来越多的可能性选择我们想要做的事情。我们总是匆匆忙忙，总是强迫自己在有限的时间里做更多的事情。为此，我们屈服于时间的统治，为日常生活和工作设定时间段。时间上的内疚感总是跟我们形影相随，挥之不去。

自从第一次工业革命以来，欧洲文化把时间视为一种资源，并将时间与金钱等同齐观，"时间就是金钱"。谁能加快生产，谁就能为自己赢得竞争优势，就可以更快地把新产品推向市场并提高销售数量。随着劳动节奏加快，新的运输方式，如铁路、汽车和航空运输等，也在加快流动性。更便捷的运输和更高效的生产创造了歌德所言的"魔鬼加速时代"。过去通过电话咨询股市行情，今天世界各地的证券交易所都实现实时通讯。时间越快，世界越小。

今天，人们不是生活在时间里，而是他们"有"时间，或者"没有"时间。业余时间和工作时间适用同一个规则：必须尽可能"利用"它们，因为这个时间是有限。今天所有的时间都在"目的唯一论"的控制之下。数字设备的发明者向人们承诺，人们会由此节省时间。但迄今为止，每次的技术进步都掠夺了人们更多的时间。正像社会学家哈特穆特·罗萨所指出的那样：需求随着可能性的增长而同时增长，以前回复6封平信的人，今天必须回复60封电子邮件。[56]

在经济方面很少有人质疑"时间就是金钱"的正确性，但金钱往往不足以延续人的寿命。另外，时间和金钱具有截然不同的特性，金钱可以分享，时间不可以。它也不会比平常快速递减。如有疑惑，它会被当作"充实的、有意义的"时间保留在我们的记忆里，无论如何我们不会把在计步数和楼梯数上花费的时间保留在记忆里。最重要的是金钱可以储蓄，时间不可以。"时间储蓄银行"只存在于米歇尔·恩德的儿童文学《毛毛》中。无论是快餐速食、闪电约会，还是快速午休、多重任务同时处理，都不能节省时间。这只是我们同时代中的另一种生活方式。

总是忙碌的生活会产生一系列意想不到的影响，现实似乎正在萎缩。早在1809年歌德就在其小说《亲和力》中，借助英雄爱德华之口道出："这已经够糟糕了……现在人们学到的知识不再能够终生受用了。我们的祖先，他们年轻时获得的知识可以享用一辈子。但是现在，如果我们不想完全落伍，就得每五年重新学习一遍新知识。"[57] 看来生活中没有什么是永久适用的。那么人们该如何给自己确定方向呢？特别受其影响的是政治。难怪长期性从政治思维中消失了，战术取代了战略。如果进步没有给你时间思考，那么随着时间一起消失的是乌托邦理想。回归乌托邦——在一个时钟还放慢脚步的时代——它正替代对未来的思考。

　　一个数字化时代的乌托邦可以从中学到很多东西。给生命世界持续加速并不是一句承诺，而是一个威胁。未来社会需要减速的休息岛，人们需要人文关怀的文化，它能够正视所有关系的价值，建构人们与现实世界以及与人们息息相关的环境的关系，而不是一味地要给所有事物加速。为了感知和维护这样的"共鸣"，正如哈特穆特·罗萨所提到的，在过度刺激的社会里，人们需要高度集中的关注力。培养儿童和青少年们高度集中的关注力并使之保存在大脑里，这是 21 世纪教育的最重要的任务之一。智能机器需要智能使用，掌握精湛技艺还包括学会使用停止键……

*

　　21 世纪初期的文化是"急躁"的文化，"顾客要立即获得想要的一切，人们懒惰而且没有耐心"。这种现象我在很多活动上都看到过。然而有谁会愚蠢地问一个讲座发言人，如果他自己的孩子"懒惰又没耐心"，他是否幸福？对教育家来说是噩梦的东西，在经济活动中怎么能被认为是理所当然的呢？人们出于教育、社会、政治和道德伦理的原因所拒绝的东西，出于经济利益的原因仍然任其错误发展，有这个必要性吗？

我们要培养长远的思考能力、复杂进程中的决断力以及道德伦理的态度。培养这些能力是我们教育系统的一项重要任务，我们的青少年在学校里应对未来生活挑战的准备极其不足，在这个问题上大家看法是一致的。只有体制内的一些代表，像一些教师和文化官僚，有不同的意见。

"德国必须加大教育投入"，这句话意味着什么？简单来说，这里有两种针锋相对的观点。第一种观点，对于许多商业利益代表和一些大学教育专家来说，问题很简单：一个数字化社会需要更多的数字技术，课堂上使用数字技术越多，数理化自然科技专业越强，越能更好地让青少年为将来的就业市场做好准备。将来创业的年轻人越多，他们毕业的学校名声就越好。

对许多人来说，乍听起来这似乎很有道理。但是那些长期研究这个问题的人会注意到，这样的教育目标预设了很多前提条件。首先，它意味着我们教育系统的任务是为就业市场准备完全合格的劳动力。其次，它假设未来的就业市场看起来和现在一样，只不过对计算机科学家和企业家的需求比现在更多了。最后，由数字革命导致更大的社会动荡不会出现在这种模式中，教育首先是职业训练。

第二种观点的教育目标不同，教育意味着让更多的年轻人有能力过上充实的生活。在当前的劳动和绩效社会里，现实的和假设的需求对他们来说不是最高的标准。有谁会知道，十年后我们需要更多计算机科学家的这个预测是否还正确？我们可能首先需要富有人文关怀性的职业，正如"千年项目"所假设的那样。在这种情况下，将教育与就业市场短期地投机性结合起来，既失职又危险。

教育的最高目标不可能是为了让孩子们日后都去追逐高额商业利润。显然，拥有金融优势的、冷酷的成本——效益最大化者，只有这些人占少数，我们的社会才会运转。都去追逐商业利润，谁还愿意从事幼教或者老人护理的工作呢？将就业市场高于个人发展的所有教育目标都是短视的。我们的社会不仅仅需要在数字经济领域取得成功的人，还需要保留我们价值观和工匠技艺的人、需要为他人做贡献、维护传统、关心和反思社会其他模式的人。一个只有极客、金融投机家、YouTube网络明星和有影响者组成的世界既不现实也不可取。如果明天有人想成为厨师、绿色有机种植农民、社会工作者、木匠或者古典音乐家，这不能证明他们是不思进取的人。

一个新的教育体系标准不应以假想的就业市场为坐标，而应以让孩子们在未来世界有生存能力为目标。同时，他们不仅要学习掌握技术（多数已经无师自通），而且还要学会在一个技术越来越重要的社会里如何能够明确自己的发展方向。他们必须是有教养的、有个性的人。如果是轻易屈服外部刺激、忘记了怎样才能长时间集中精力关注单一事物、疏忽母语、不能容忍延迟需求的人，肯定不会这样要求自己。认识自己，了解和思考自己的愿望，训练对自己和对别人的判断力，学习克制，保持自持，培养独立思考习惯，能够应对压力，所有这些在未来都比现在更重要。

同样重要的是，在广告过度刺激的世界里不要失去好奇心。任何随时随地获得（技术）答案的人，最终都不会再提出什么问题了。重新思考如何才能培养和保持孩子的内在动机，是我们的学校和大学面临的巨大挑战。迄今为止，我们的教育体系与此正好相反，它建立在培养孩子们的外在动机的基础上。我们的孩子在学校为分数学习，只要这种做法还有利于为职业生涯做准备，这种体制的反对方就难以贯彻自己的教育主张。在传统的劳动世界里，人们也是为外在的酬劳而工作——为金钱而劳动。然而，正如覆盖面广泛的有酬劳动在数字化过程中不断减少一样，这种外在的条件化也逐渐失去了它的意义。我们的孩子将来必须能够自发地愿意在高技能职业里做出不同凡响的贡献。如果在一段时间或更长时间没有工作，他们需要更强大的内在动力。自主构建生活，制定当天的各种计划，这是未来的挑战。人们积蓄的内在动力越多，内心越强大，对社会的有益影响就越积极。

这对我们的学校、学校架构、教师培训、教学内容和教学课堂有什么意义，我在别处已经有过详细的描述。[58] 遗憾的是，教育问题的讨论仍然只围绕形式问题展开：发展哪种类型的学校，八年制还是九年制？此外，高中毕业率的百分比应该是多少？同样性质的讨论还有数字化对学校的影响，等等，"从几岁开始孩子应该使用平板电脑？""学校里应该投放更多的数字设备还是应该少一些？""如何设置快速 Wi-Fi 连接？"还有，"谁来支付学校的数字基础设施？"很少有人讨论数字化对迄今为止外在动机的学习系统的挑战。数字化对劳动社会和绩效社会的影响是显而易见的，形势的严峻性却被大大低估了。人们相信，两条路都可以让一匹半死不活的马达到终点：一条是由有偿劳动提供资金的社会保障制度，另一条是基于外在奖励的教育制度。

所有教育批评家在以下两个问题上都是一致的。其一，现在任何去学校接受职业培训或者去上大学的人，都必须做好思想准备，要活到老学到老。没有足够内在的学习动机是不行的，这点大家都很清楚。其二，人们一致认为，没有创造性是行不通的。然而，"创造性"是一个令人眼花缭乱的术语。不仅作曲家、作家、厨师和软件开发员有创造性，而且狡黠的唯利是图者、骗子和黑手党同样具有创造性。

没有道德的创造性在社会上是不可取的，同样，没有心智教育的教育也不值得追求。道德和判断力的问题在未来将非常重要，如何对待技术设备同样也很重要。正确评估"衡量"和"可衡量"是一个教育问题，任何想要了解自己的人不只满足于简单计算自己的步数，他还关注为什么这样做。"数字自我控制能力"和"掌控数字风险能力"，这是心理学家格尔德·吉格伦泽尔使用的两个术语，掌握这两个能力取决于"用数字技术处理信息的能力，旨在提高其有用性并减少潜在的损害"。[59]在未来的学校里，青少年必须学习评估数字危险性（好比驾车时打电话的危险性），并理解心理学的相关性。一个人一心多用，同时处理好几件事情，这并非意味着他进行多任务处理，而是他的记忆力永久性地受到损害。把记忆交由机器的人，很快就会丧失记忆功能。过去的一些几乎被遗忘的传统方法，比如说背诵诗歌、训练记忆力，显得更重要了。因为即使在学校之外，将来也会出现这种情况，在没有设备帮助下要很好地记住一些东西。存储的记忆越少，可供青少年形成自己的思想组合的东西就越少。要想有创造性，就得加强记忆训练。

虽然 2016 年联邦德国教育部通过的《数字教育规划》希望让学校能够适应数字时代，但是德国在 2018 年，距离这样的教育目标还非常遥远。相应的课程构建在未来应该是什么样的，目前看来依然像月球背面一样黯淡。与此相反，乌托邦要求在这方面给孩子们非常具体的帮助，让他们保护自己的注意力不要被偷换，预防成瘾的潜在危险。乌托邦希望看到孩子们天生的好奇心得到保护，免受伤害。未来的学校必须是每个孩子判断力得到发展的地方，因为未来对孩子的冲击是巨大的。

～

人道主义的乌托邦是要让人们普遍感到幸福，让人们的生活更有意义。所有的技术在这方面都可以看到、被评估。技术不应试图让人去适应它，而应该将它的发展定位于人的需求。人们为了能够在较少有偿劳动的世界里幸福生活，必须投入大量时间和精力提高自身的文化修养，尤其因为数字技术要求人们恰如其分地对待它们，正确地使用它们。对教育体系而言，启发和保护孩子们的好奇心和内在动机是教育学的核心任务。即使未来社会有偿劳动不再是他们生活的中心，他们在未来也能过上充实的生活。

被呵护的生活

——不可知的魅力

德国和芬兰 1996 年合拍过一部电影《候鸟……一次伊纳里之旅》，其中有一个很感人的场景。由约阿希姆·科尔饰演的卡车副驾驶员汉纳斯过着相当孤独的生活。他安分守己、拘谨矜持，没有朋友，完全蜷居在自己的小世界里。业余时间他研究铁路书籍并背记了所有客运时刻表。他的目标是参加在拉普兰的小镇伊纳里举办的第一届客运时刻表国际大奖赛，他信心满满地一定要夺取比赛桂冠。在火车上他认识了一个漂亮的芬兰女人斯尔帕，她很惊讶汉纳斯搭乘火车前往伊纳里。虽然这是最短的路线，但不是最美的。斯尔帕告诉他，最美的路线是穿过瑞典北部，经过哈帕兰达，再走一段海路。汉纳斯深深地爱上了迷人的斯尔帕。大奖赛上他终于进入最后一轮夺冠比赛，他的比分远远领先其他选手。主持人的最后一个问题是："到伊纳里的最佳路线是什么？"汉纳斯犹豫了一下，他没有给出最短路线，而是最美的、经过哈帕兰达的路线，即斯尔帕告诉他的那条路线。这个回答会让他与桂冠失之交臂，因为他很清楚，对评判员来说，"最佳"的路线即是"最短"的路线。然而，看到观众席上的斯尔帕，他不再认为最短路线就是最佳路线。最终他失去了准备已久的比赛，但是他赢得了斯尔帕的芳心。

人的生命没有按照快捷方式编程。走弯路绕行的人可能会看到更多的美景。"命运"，正像奥地利诗人拉狄克·纳普所赞美的，"人们可以从它的讳莫如深中辨认出来"。可能常常会有许多人寻求最舒适的生活方式，但也有一些人在业余时间去登山攀岩、穿越热带雨林，或参加马拉松比赛。当然，人们常常寻找能让自己快速获得享受的东西，避免让自己消耗过多的精力和体力活动。然而，人们恰恰是在消耗精力和体力活动中感受和衡量生活的价值和意义。

最佳路线不一定是最短或最有效的，这是一句避免我们在数字时代做出错误决定的重要警句。因为，我们的社会、经济正是由于技术的一切可能性而同时受到新编快捷程序的轰炸，号称以最大限度提高效率、实现最佳自我控制、为所有问题提供最智能的解决方案。这方面在线商务很有优势。互联网购物可以节省去商店的时间，更好地比较产品和价格，而且送货上门。那么，未来所有一切都要在互联网上订购吗？

就我个人而言，我爱好收集古籍经典，特别是18世纪和19世纪的古籍。我喜欢旧书的气味、外观和手感，喜欢体验与收藏有关的一切。在一个陌生的城市里寻找古董店，结识性格怪僻的古董商，体验旧书店小屋的杂乱无章，感受在这个封闭世界中寻找和发现的喜悦。我喜欢古董店的这种氛围，如果碰巧找到了想要的一本书，我会感到十分自豪。网上购物剥夺了我的这些体验，古董商店在城市里正在消失。在互联网上，我能很快找到我要寻找的书或其他东西，它们井井有条地按照新旧程度和价格分门别类排列。我不会再买太贵的书了。但是，如果失去了收藏过程中不可知的体验，丧失了收藏旧书的初衷，那么我为什么还要继续收藏旧书呢？

如果最短的路线免除了全程旅行，那么出发时的兴致也就随之消失了。买衣服的心情也是这样的。我在罗马买的鞋子，如果在互联网上也可以买到，它的魅力也就会立即消失。现在不再有什么地方还可以找到只有那里才特有的产品，预测这个世界不是很难了。如果人人都网上购物，市中心的商店还有存在的必要吗？没有商店的一座城市看起来会是什么样的？也许看起来会像德国鲁尔北部地区不太有名的小城市，马尔市。该城市的城市规划者在20世纪70年代认为，在市外郊区建造一个"马尔之星"——北威州最大的购物中心——是个绝佳的好主意。"马尔之星"购物中心自1974年开业以来，马尔市老城区迅速凋零，备受冷落，直到90年代一些商店的橱窗仍被木板紧封，马尔老城区在很短时间内就死寂一般无声无息了。不久，"马尔之星"这座拥有欧洲大陆上最大气垫屋顶的建筑，几乎也和老城区一样悄无声息了。"马尔之星"不会让悲伤的故事变得更好。

硅谷人认为，担忧城市文化的消失是无稽之谈——那里反正也没有文化。极客们通常也不属于那些以多彩的生活使城市丰富多元的人群，硅谷仍然是以前果园区域里的城市荒地。城市作为公共论坛、聚会场所、购物和闲逛、约会或偶遇之地，对于硅谷居民来说在数字时代不再必要。人们无需自己动手做任何事情：饿了有送餐，出门有司机，不必自己洗衣物，还有专门的网站、应用程序和电影用于调情和性爱。

旧金山和圣何塞区域之间的大都市圈对年轻人同样有很大的吸引力，这是令人欣慰的。有更多的美国年轻人愿意在此地生活而非在帕洛阿尔托。柏林也应该在未来从中获益。然而，曼海姆、哈雷和伍珀塔尔等德国中型城市很少能从中获益。20世纪80年代和90年代历史悠久的专业零售商逐渐从城市消失，国际连锁企业取而代之；线上交易没有制造出任何新的产品，只是推动了这一发展趋势。

如果二十年后的德国仍然想保留适宜居住的中小城镇，需要睿智的政治家，会允许公民及时质疑他们的城市是否真有必要拥有完全数字化的超市。只需在乡村集市和价格不断变化的无人售货超市之间做一个小小的比较，就足以搞清楚什么能令人兴奋、令人喜悦。未知和好奇激起人们发现的兴奋和快乐，在真人环境购买东西的体验肯定不同于在机器中购物。

数字技术到底应该应用在哪些领域可以丰富人们的生活，在哪些方面只会导致孤独呢？对于残疾人和老年人来说，家里有一台智能冰箱是极大的便利，如果缺少哪些基本食物它就可以自动订货和补货；当然即使有了智能冰箱并不意味着他们的家人可以放弃继续照顾他们的义务。有些人可能不需要"会思想的房屋"，这也是他们的权利，尽管会遭到智能化发烧友的讥笑。房屋的照明度若可以通过检测到的医疗数据不断调整以适应其住户的情绪，如电影院中的灯光设置，这样的房屋看起来很吸引人。然而，与浴缸中的伴侣通过科技智能灯调整"正确的"明亮度是更性感，还是亲自点燃蜡烛营造气氛更浪漫，每个人都会有自己的选择和决定。并非所有人都梦想在患有抑郁症的情况下，自家墙壁可以智能反映出自己的阴郁心情，或在壁纸上出现香烛和抗抑郁药的促销广告投影。

不是所有可以完善的东西都需要完善。一些在技术上可以改善的，通过技术改善后并没有使生活质量得到改善，而是变得更糟糕。有些事情，比如说足球，甚至可以说是在失败的艺术中求生存。在多数情况下的进攻都是失败的，常常被及时阻拦或射门失误。如果每次射门都能进球，那么足球比赛就会很乏味。正因为如此，足球比赛成为生活最形象的比喻。成功、高潮、戏剧性的轰动和意外的结果等都只是偶然的例外，而不是规律。成千上万年以来，人类显然一直处在这种正常状态中。任何想要从根本上改变这一状态的人，不仅必须改变生活条件，而且还要改变人类——这具有极不确定的后果。干预人类生态行为机能的麻醉剂和药物试验，其用意不言自明。这些都没有创造出新的内在平衡，只是一次带有不良反应或依赖性的短暂转移。

不是所有可以用数字方法解决问题的预见都能解决问题。因此，将真实问题与虚拟问题区分开来，并非毫无意义。尤其是艺术，它属于最不适合提高效率的领域。根据定义，它恰恰是效率的对立面。人们会想到瑞士艺术家乌尔苏斯·威尔利的精美画册《整理艺术》[60]，画册中，著名的绘画作品被精心拆解，按照人物、笔画、颜色，进行分类重组，直到所有内容都整齐地堆放在一起。用类似的方法，报刊电子版也把文章根据读者的个人兴趣分门别类，经过精细整理，根据读者感兴趣的或曾经感兴趣的内容推送给读者。同时，严重偏离读者兴趣的一切图文完全从视野中消失了。如果你认为这对强化当前的兴趣而不是唤醒新的兴趣有效的话，这种方法非常奏效。好莱坞投资昂贵的电影时早已由评审观众预先过滤了，并审查了情感渲染和戏剧艺术的效果。如果以数字方式测量评审观众的情绪，在未来将会更加准确。无论如何，成功电影的戏剧高潮都是用算法设计的，伦勃朗的作品也是如此。书籍出版是最简单应用算法的，将来是否还需要电影编剧作家或者小说作家，这一点现在就已被一些极客们否认了。

一切都很完美。如果这些果真会发生，就不会有人再需要艺术了。突破经验公式，不按文化规范行走，这不是艺术的任务吗？至少艺术理论家们数十年来都是这样主张也是这样做的。现在梵高的画展、莫扎特音乐会也已难以突破一些受众的经验，况且，音乐厅、歌剧院和话剧院也只推出迎合大众口味的节目。利用数字技术可以更准确地读取和预测观众的感受。文化和艺术将被确定永恒模式化——这是自20世纪90年代以来就存在的且早已让剧院经理、艺术策展者和导演们绝望的发展趋势，更不用说电视提供的单一文化。数字化技术能够比以前更准确地统计收视率和监测目标群体。制作电视节目时对此类调查统计数据的依赖性如此之高，以至于如果不再有收视率的统计数据，电视节目负责人可能不知道他们还能播放什么节目。

统计数据在这里果真是为艺术和文化服务的吗？还是我们仅仅将那些"受欢迎的"定义为值得观看、值得收听、值得阅读？收集数字数据可能会推进许多领域的进步，在文化和艺术领域里则相反——它仓促地迎合大众品味，敌视创新，阻碍艺术发展。

如果艺术家不想让他的艺术和文化被"整理"，他就必须在未来的社会付出比现在更多的努力。因为，效率思维越是要强势决定我们的生活，我们就越是要付出更多的努力，有意识地维护自由空间。根据质量而非数量来衡量艺术支持和促进非传统的艺术，这是所有艺术和文化官员应有态度和职责，这些领域完全不遵循"问题—解决方案"模式。

在一个积极的乌托邦社会，德国需要一种不同的文化政策：不支持旧有的、现行的和已创立了的艺术，而是推动促进小众的、非传统的、非常规的艺术。假如未来很多人不再依赖有偿工作为生，那么他们当中会有很多人能够展开丰富的生活艺术，这十分重要。未来的德国若真的成为诗人和思想家的沃土，而非流浪汉和游戏玩家的土地，那将多么美好！

但是，新自由主义抛出的实用的和经济成功的阴影笼罩着文化。2016 年在埃森市的一次主题为经济、文化和创意的研讨会上，一位发言人谈到，汉堡创意协会决定哪些年轻人及其新创意应该得到政府资助，哪些不可以。这位发言人在报告开始时说道："在决定是否提供政府资助时，我总是先提一个问题：你要解决哪些问题？"对于一个文化创意的政府专员来说，这真是一个不可思议的问题。委拉斯开兹[1]解决了什么问题，莫扎特解决了什么问

1　委拉斯开兹（Velázquez，1599—1660）文艺复兴后期、巴洛克时代的西班牙画家。其作品《镜前的维纳斯》（1651）是宗教严厉的 17 世纪西班牙少有的裸体画像之一。1656 年创作的最著名的《宫娥》《纺纱女》，构图和光线对比曾经对印象派画家莫奈等人产生重要影响。——译者注

题，卡夫卡又解决了什么问题？正如这个例子所示，在很多人的观念里，甚至那些出于职业关系必须更好了解创造性的人的观念里，数学技术扼杀了创造性等许多其他的特性。在生活中大多数情况下，创造性是投入时完全不可预知结果的艺术活动。"问题—解决方案"的模式在许多人类创造性的问题上并没有帮助。

　　"问题—解决方案"模式无法提供帮助的另一个现实案例是烹饪和聚餐。一大型银行在波恩组织了一场活动，我有幸无意中听到了投资公司 Rocket Internet 数字项目的合伙人之一萨姆威尔兄弟的谈话。这位智慧的年轻企业家在谈到未来家居时说到，未来人们不再需要厨房了，一台智能冰箱足矣，超市或餐厅的无人机会送来人们需要的一切。当我问他这能带来什么好处的时候，他说，可以赢得"时间"。我接着问他，赢得的时间用来做什么呢？他却没有给出一个合适的答案。对有些人来说，比起坐在沙发上玩电脑游戏或在线下订单所消磨的时间，大家一起做饭度过的时间更充实。显然这个问题不在萨姆威尔兄弟的想像范围。一些社会生物学家声称，人类的合作和社交的起因正是没有人能够独自猎捕一头猛犸。这种说法也许还真有些道理。似乎也没有人能够独自吞食一头猛犸，这或许就是为什么很多人更喜欢一起做饭、一起聚餐——除了一些极客外。

*

　　数字技术既让我们进步，也能让我们退步。

　　很多来自硅谷的主意乍一看都富有想象力，仔细观察并非如此，很多想法缺少对人类的认识。一些科技发明并不是很多人或社会迫切需要的；很多通过科技手段可以使之完美的东西，不必要而且也不应该完美。如果最终的结果是没人想要的，那么它注定不会是完美的。设想一个一切都是高效、完美的优化社会，会出现什么情况呢？不放慢速度，什么都不能改变，社会必然不会多样化。将效率作为最高标准，究竟意味着什么呢？人类最有效的状态、所有生活问题最完美的"解决方案"是死亡——一种人们不必活动的状态，不再消耗能量、不再需要努力，摆脱了生活中所有的困苦。死亡是人类最聪明的一种状态，没有比死亡更好的解决方案了。但是生命并不是聪明的，它有韧性，不可预知；它不成熟且模棱两可——正是这些特点，才使生命更有价值并令人兴奋。

在数字时代里，人道主义乌托邦必须以锐利的目光分辨，哪些科技进步值得推动，哪些不值得。现在人们着迷于用软件代替人事经理，将来这恐怕会被看作是一个疯狂的想法而载入历史。也许，人们将会为过去的"创新者"和"恢复模拟技术专员"开辟新的职业领域，恢复以前那些荒诞的东西。毕竟，计算机挑选出来的最佳职位人选不一定适应与之合作的人。

与之对比，更糟糕的是后来被证明是危险的捷径。在美国，1997年到2007年间，每三个低龄儿童中就有一个依靠CD和DVD学习母语，在软件的帮助下，天真可爱的孩子们应该得到最好的语言训练，结果则是一场灾难。在科学测试中，接受这种教育和训练的孩子的成绩差强人意。[61] 为了学习母语，儿童不仅要回应语言，还要回应眼神、表情、手势以及神情关注。非语言交流在人类中至少与语言交流一样重要，这与任何其他灵长类动物一样。

迪斯尼公司用这种学习产品创造了四亿美元的利润，却给受影响的孩子留下了灾难性的后果。这很好地证明了，承诺快捷方式的新技术很快就会导致"客观性损害"；购买、接受或喜欢一个产品，市场不是评判其好坏的唯一标准。凡是在典型人性的、心理学方面极为重要的部分被技术所取代，其糟糕的后果不可忽视，且迫在眉睫。这取决于技术是加强了心理学的重要性还是技术取代了心理学，前者很有用，后者通常很危险。

人类是奇怪的生物。生活的幸福需要矛盾和抵抗。几乎没有人能像美国哲学家罗伯特·诺齐克那样完美地展示这一点。1974年，他向读者介绍了"体验机器"的概念。[62] 天才的神经心理学家研发出一种机器，可以让我们潜入理想的欲望世界。幻觉是如此完美，以至于我们无法将其与现实区分开来。我们所体验的一切看起来都很真实，在这个世界里，所有的愿望都得到满足，所有的一切都是完美无缺的，正如我们所期待的。我们会使用这台机器吗？

诺齐克认为，大多数人肯定不会使用这台机器。2018年2月在慕尼黑，在一次大约有1000多位IT开发人员参加的演讲会上，我提出了这个问题。听众中大约只有十分之一的人愿意在体验机器上用他们的真实生命换虚拟生命。生活在一个完美的虚幻仙境中，会场上的很多人可能被这个想法吓到了。也许人们并不希望所有的愿望都梦想成真，如果真是这样的话，那就意味着人类生活中有比完美幸福更重要的东西。尽管如此，可能还是会有人愿意登上诺齐克的体验机器。虽然不会是一跃而上，但是会化为上千个小步骤渐行渐近，每个小步骤都微乎其微，不会让人们感到危险和突兀。

过去，人们满足于观察世界万物，发现那么多令人惊叹的奇迹。孩子们对恐龙十分感兴趣，但他们只是从博物馆里恐龙的骨骼以及图画了解恐龙；印第安人和海盗的生活令他们兴奋；参观动物园是一种生动的体验；火车头、汽车、飞机令他们神往着迷。但是在 21 世纪的西欧，对很多十岁少年来说，这一切都很无聊。他们早已习惯于电子游戏世界里快速剪辑的影视和完美的虚幻仙境，很少面对现实世界。未来，他们甚至完全可能生活在"虚幻和现实混合"的世界里。如果现实生活不能满足他们——这很可能会经常发生——他们可以戴上"虚拟—现实头盔"或全息眼镜潜入与真实世界平行存在的宇宙。他们的日常生活在潜移默化中变色，他们无需做任何事情：无需跳进冰冷的水里探索未知世界，无需像世世代代以来许多同龄孩子那样经历一切。这一切都由应用程序完成，长大后他们也不再给自己的孩子讲述他们的童年，因为没有留下熟悉的记忆，没有能够回顾的个人生涯，只有陌生的印象。青少年时期所获得的情感的、创意的和道德的基础，正在日渐消失。生活中的一切都是预制的，没有个人的经历和体验。最终，人变得懒惰又急躁，像广告业所需要的客户——宁愿放弃选举权而不愿放弃智能手机或者其他新的可以把自己与未来世界连接起来的神奇设备。

这样的孩子将成为多数还是少数，情况在 2018 年尚不明确。因此，数字时代，人类乌托邦要确立、保护自治的目标。自己动手并拥有技能，无论对工匠的、道德的还是整个人生的价值取向都是宝贵的。被呵护、被照顾，但生活中一切非凡的实践和体验都被剥夺，这不是人类的进步。所幸，我们与之打交道的不是超人，而是那些身心发展从未超越童年阶段的平凡人——他们认为自己没有必要超越童年的发展。伟大的启蒙哲学家，如康德、席勒和赫尔德都曾反对童真的天堂乐园。在他们看来，满足快乐、避免痛苦的社会是不值得追求的；有价值的自由并不存在于追求幸福的捷径之中。他们追求的目标不是一个无忧无虑的天堂，而是一个在文化进步中致力于生活并不断成熟的人。自由意味着对自己也对别人承担责任，而不是让别人照顾呵护自己。技术进步导致我们越来越无需对自己承担责任，它违背了我们基于宪法的社会基本理念，也与有责任感的公民理念相矛盾。

即使在 2018 年，许多人也会凭直觉领悟到他们的思想。只有阳光灿烂的日子也许根本不值得追求，其不可弥补的后果是对生活感到厌烦。有充裕的时间当然很好——前提是你有事可做。获得满足感并不是生命的全部意义，若生活中总是追求效率，力求走捷径获得最大的满足感，这未免是对人的本质和生活意义的片面夸大。

德国的经济也面临同样的问题，并非硅谷所有的成功案例（通常是短期的）都是德国的良好商业模式。人们今天忍不住会调侃那些高层管理人，几年之前他们身着笔挺西服走进硅谷，几年之后满腮胡须身穿着连帽衣回来。这和 20 世纪 70、80 年代试图复制日本经济理念的情况没有什么不同。过去日本遵循"改善原则"（变得更好），其令人眼花缭乱的高效工作的成功模式并没有将日本从后来的发展停滞和经济衰退中拯救出来，人们不应该这么快就遗忘了历史。因此，我们应该认真思考，是否有必要对当前的发展趋势轻信和盲从。正如德国经济论坛上经常声称的那样，硅谷所谓的失败文化离我们并不遥远；以怀疑态度面对可疑的商业模式固然也是没有错的。德国的企业文化在世界上得到尊重并非没有道理，其产品质量高于美国；其经济命脉由中层企业支撑，与一些由大公司操控的国家相比，有着不同的风俗、习惯、传统和成功模式。消费品行业对德国经济的作用相对较小。德国两个世纪以来，经受住考验的商业模式和企业文化在美国根本不存在。德国的大众银行和储蓄所的金融业务遵循的是合作社原则或者本地非营利服务原则。如果用区块链或金融科技代替，意味着不仅是向另一种商业模式的转换，还是一次深刻的文化转变，背离了城市以及地区间的互助互惠原则。

　　然而，原则和文化并没有约束德国发展商业创新模式和新数字技术应用，包括能源和环保技术、废物处理技术等许多其他技术领域的创新开发。其中有两个领域特别值得关注。在这两个领域里，不可知的魅力保持在很狭窄的范围内。正因为如此，它们在人道主义乌托邦的作用中显得特别重要，极富吸引力。

*

　　第一个领域是城市交通领域。在没有更好的、更有价值的预防措施之前，如何避免交通事故还是值得努力研究的。可以期待未来会有很多数字技术应用该领域。

　　被神化了的私人交通造成大中城市拥堵，将不再有长久的未来，这是一个令人欣慰的好消息。自从大多数德国人拥有一辆私人汽车，常常还买得起第二辆汽车以来，交通问题就越来越严重。仅2017年一年，在德国就有超过3000人因交通事故身亡，还有约40万人在交通事故中受伤。与之相对比，2016年在德国因谋杀身亡的人数为371人。[63]2015年和2016年，在整个西欧有150人死于恐怖袭击。在这种情况下，让德国道路交通更加安全的承诺只能算一种美好的愿望。

　　未来更通畅的交通意味着更少的车辆。道路上的车辆越多，个人的行动自由就越受限制。发展无人驾驶自动汽车（"自动驾驶"一词具有误导性，因为人们不再自己驾驶汽车，所以称它是自动的）可以改善这个问题，现在这类无人驾驶自动汽车已经偶尔现身美国西海岸和东海岸。它与地位象征毫不相干，具有简单轻巧车身的静音电动车不适合装配狐狸大尾巴，也不能招摇过市给邻居留下深刻印象。这种汽车只能纯粹当作商用车使用，因此可能很少会有私人购买，至少在大城市不可预期会有很多人购买。相反，人们下载适当的应用程序，支付一定的费用，就可以随时随地在大城市任何一个地区使用无人驾驶共享汽车。

　　这会带来什么样的后果呢？全球现有超过十亿辆汽车，消耗大量能源，污染空气。未来社会只需运营车辆（只有很少的备用车）。现在，汽车主要停泊在各处停车场：晚上车辆都停放在停车场或车库，白天开车上班的人也将汽车停放在车场。据估计，至少在城市中，将来只需要当今汽车保有量的五分之一。[64]停车场地基本上将大量废弃，可以改为绿化带或用于餐饮业。未来，汽车将来自中央地下车库，中途或许会交换乘客以节省时间。一个更浓郁的乡村风情将走进都市圈，有点像19世纪中叶的铜版画。城市将更加谧静宜人，更加环保绿化，最重要的是更加安全。今天超过90%的交通事故是人为错误造成的。无人驾驶自动汽车可能让交通事故趋向于零。未来的孩子们不必再像今天的德国孩子那样被反复叮嘱：千万要当心汽车！交通堵塞会在很大程度上得以缓解和避免，废气排放量将会大幅下降。这将会极大地提升生活质量。

为此人们付出的代价是什么呢？德国人不得不放弃在经济奇迹的遥远岁月里普遍流行的自豪感——以私家车定义自己的身份。实际上这种变化已在悄然进行。在德国年轻人中，认同自己的身份和汽车有关的人数已经迅速下降了。一部中档汽车几乎不再作为身份象征，跑车和越野车可能还代表一定的社会地位。但是越野车正在进入身份象征的死胡同，汽车几乎不能再加大体积了，否则无法开进地下车库，或者会妨碍道路其他使用者。越野车手疯狂驾车好比最后一次在火山口上跳舞，越野车的能耗正在破坏子孙后代的生存基础，当然这无损于他们的身份象征。恐龙在灭绝之前从来没有像在白垩纪时期那么庞大！

陨石撞击地球是不会避开德国的。无人驾驶自动汽车跟智能手机一样，它们不是只为联邦德国设计的。相反，我们正处于无处不在的全球一体化发展中，它完全不以个别政党的意志或者个别行会的意愿为转移。关于无人驾驶自动汽车的问题将不会在德国的选举活动中由投票决定。在广泛投入使用这种机器人汽车之前仍然存在一些问题，这些问题不能掩盖它们可能很快就会在德国公路上行驶的事实。目前的问题是保险和责任问题，这也可以解决，未来受到生存威胁的汽车保险公司不会错失这笔生意。

此外，还有道德问题。例如，怎样给无人驾驶自动汽车编入避让的程序。人们必须摒弃无人驾驶自动汽车应该"学习"的观念。现在，每一个复杂的路况都还是作为"学习经验"去改编程序软件，为了控制，需要监控软件，而监控软件又被其他具备学习能力的软件监控。最终形成一个没有"人"使用的交通软件，还容易失去控制，这显然不是一个很好的主意。为什么汽车软件应该"学习"并且必须"学习"呢？当汽车行驶在复杂的路况中必须避让的时候，根本就不该被编入"道德"程序。一个简单的技术解决方案会更好——保护驾驶员，向右边避让；若不行就往左边避让。在为汽车编程时，只要没有为汽车配备传感器以便汽车按照年龄、性别等进行面部识别（根本没必要），那么关于老人及幼童的生命价值的离奇思维游戏都是毫无意义的。无人驾驶自动汽车在道德上保持中立，没必要害怕它的"学习经历"。

事实上，还有一些问题需要考虑。首先，那些总是能及时刹车也从不急躁的智能汽车，怎样才能防止行人，更夸张的是骑自行车的人，扰乱、无视和阻碍交通？无人驾驶自动汽车面对此类情况能够冷静地泰然处之，立法者则必须对违章者采取更强硬的措施，交警也必须对此类交通违法行为加大惩罚度。这可是一个不小的进步。

其次，尽管自动汽车发展很可能在很大程度上是预先确定的，但从机动车过渡到无人驾驶自动汽车的时间无法确定。无人驾驶自动汽车采用轻质材质，大马力车型车体为坚硬金属，二者很难兼得，这与马车和普通汽车的差距不同。当年汽车在城市出现的时候，马匹受到惊吓，很快马车就从城市消失了。显然，同样的场景很快会再现。城市里的居民一旦认识到并享受到无人驾驶自动汽车的好处时，他们就不会再愿意让"普通的"机动车在社区街道上行驶了。城市将逐步停止使用传统的机动车，直到除了警车和消防车以外没有任何人被允许驾驶传统汽车通行。最后，传统的汽车将被替换，人们又像是回到了马车时代。

最后，无力承担无人驾驶汽车费用的人不得不依赖公共交通工具，公交车要想成为一个真正的替代方式需要在价格方面要有竞争力，公共交通财政应该由税收融资支持，而不是通过售票维持。每个人都应该可以免费乘坐公交车，没有人必须依赖于某一种商业模式。从物流上来看，城市交通规划者还面临一些需及时解决的问题以防止日后的交通混乱。同时，还要给那些认为能驾驶汽车是一项重要的文化技能的人提供从事体育运动的机会。过去，人们从城市的家畜马匹保留了赛马项目，将来，为什么不可以为那些真正想开车又擅长开车的人提供合适的赛车运动场地呢？

*

第二个领域是医学领域。为了更好地预防疾病，及早诊断和治疗疾病，现代化医疗器械提供了全新的可能性：传感技术的精密仪器不断改善；超声波设备今天已经可以给器官做高分辨率的造影，并运用数学功能描绘出数据图形。健康数据越多，例如被匿名保存的血液测值、既往病症、诊断结果等，疾病研究成果越显著。先决条件是有一套相应的数字基础设施，同时确保健康数据只能由主治医生亲自通知患者。数字技术改进了诊断，也使高度靶向治疗成为可能。不同于以往治疗的规范程序，未来病人有机会获得基于对器官的精确诊断而对症下药的治疗。对于患有糖尿病或者危险高血压患者来说，如果手腕上佩戴一个小小的仪器就可以监测身体状况，这是一种幸运；仪器的另一端连接到医院的电脑上，每一次监测数值出现较大偏差时它就会发出报警信号，医生就会马上处理。数字联网的病例档案还可以节省医生在行政工作上的时间。

所有这些都是利好消息。但是，数字化是否能导向人道主义的医学发展，这并不取决于医学进步自身。与任何一项科技创新一样，医学领域的数字化发展也会遇到问题，社会应该如何处理这些问题，如何避免社会意义上所不期待的后果，是目前亟待思考的问题。

首先，高危健康风险的人可以借助于数字设备时时被数据监测，这当然是一个便捷有力的、有时是挽救生命的优势，但问题是，它是否是未来社会唯一可以信赖的手段？健康危险从何而来？医疗保险公司对此如何看待？没有高危健康风险的人让仪器时时监测自己，是否会获得更好的保率？这些问题产生一个依赖数字监测的社会：在这里人们花费大量时间自我监测，从事很多以自我为中心的活动；没有数字仪器的帮助人们就不知道自己是否健康。对正常的健康人来说，仪器依赖并不可取；但是如果医生或医疗保险公司鼓励这种行为的话，则更不可取。

其次，把本来由人可以更好承担的关怀责任转嫁给仪器是最大的危险。如果数字时代的"个性化医疗"导致与真人的关联越来越少，那将会是一个意想不到的痛苦结局。在线健康咨询与通过皮肤接触感受关爱、关怀不同。IBM 开发的 Watson 计算机系统，尽管被录入了无数病例，但是相比一个了解自己病人、从业二三十年的医生，Watson 系统是否能够给出一个更好的诊断，目前尚不确定。

数字系统可以辅助医学，但是如果用它代替医生则是危险的。正是"辅助可以，替代不行"。应用数字技术涉及的社会和道德的重要规则在医学界同样适用。可以想象，如果在医学领域可以测量的就是全部，即患者的病历就是患者自己全部，将会是多么可怕。传统医学的缺陷在于它往往不能把身体和心灵之间复杂的、独立的相互作用考虑其中，这在数字时代的医学领域还会被继续放大。如果有一天心灵被分解为数以百万计的数据，这是否对克服传统医学的缺陷有所帮助，仍然未知。

技术越是精准和合理，富有同情心的医生就越是重要。如果说数字化给医生节省了很多浪费在事务性工作的时间，那么发展道路上的部分障碍已被清除，人类助手的任务也指日可待：必须是一个真实的健康助手，就像传统医学的家庭医生那样，不能把自己的角色转交给信息处理程序。显然，医学院需要一个与现行不同的医学新生的录取标准，医学界迫切需要的不是最勤劳或最理性的人，而是富有爱心的人中最适合的和最有能力的人。

医学越真心关注人们的健康幸福，人们对数字助理越信任；医学文化转变越彻底，对技术的接受程度就越高，在护理界尤其如此。我们应该欢迎还是谴责护理机器人？这个问题原则上很容易回答。护理机器人在日本是一个了不起的成就，得到了大量资金支持和推广。这里主要有两种类型：助理机器人和宠物机器人。助理机器人看起来像个滚动式的垃圾桶，跟随医生看病人，它的体内配备了各种器械设备和医疗记录。另一种助理机器人（遗憾的是到目前为止还没有批量生产）帮助病人换洗便盆，把不能自主行动的病人挪到轮椅上，或者它自己变成一个轮椅。相比之下，宠物机器人就比较轻巧可爱，在日本它被应用在老年痴呆病人当中。如果轻挠它的人工皮毛，它就会发出呜呜的声音，还会兴奋地扭动身体，或者用海豹双鳍拍打示好。

没有什么比这个示例更好地说明了"辅助"和"替代"的区别了。第一种类型的机器人未来一定会为人类提供有益的帮助，不仅仅在日本。要知道把一个卧床的重症病人挪到轮椅需要付出多大的努力，患者需要忍受多大的痛苦，如果有了助理机器人，就可以解决这些问题。宠物机器人解决了哪些问题？老年痴呆病患者也有爱的需求吗？认为这是个"问题"的人，显然不适合于在任何护理机构工作。老年痴呆症患者不能区分真假动物，也分不清关照他的真人跟宠物机器人之间的差别，这一现实正是"替代"的基础。

但是从道德的角度看似乎又是个"问题"。如果有人嘲笑智障人士，人们会认为这不是个"问题"、无关紧要吗？可能会的，因为所涉及的人根本没有意识到他在被嘲笑，所以无关紧要。但人们仍然认为嘲笑智障人士是不对的，是不正派的，是可耻的、低级下流的行为；人们谴责嘲笑者不是站在被嘲笑者的立场，而是以道德的名义。人们被激怒是因为长期的道德教育使然，认为捉弄嘲弄智障人士是完全不道德的，对这种人应该严厉批评。但是，用机器人敷衍、欺骗老年痴呆患者，让他们误以为机器是个会对他们的好感产生反应的真实物体，为什么人们从道德上觉得可以接收，认为是合理的呢？老年痴呆患者对于爱的需求，可能是人类心灵上被保留下来的最后的欲望。这难道在这方面节约人力和物力是欺骗他们的正当理由吗？

与医学界一样，如果护理界想使用更多的技术，就更不能用机器人替代有爱心的人，否则我们就会违背数字化的承诺——让这个世界变得更加人性化。

～

数字科技承诺要让我们的生活变得更加美好。然而"更加美好"意味着什么？在一个人道主义的乌托邦里，"更加美好"并非同时意味着更捷便、更舒适、更聪明。科技发展必须基于人不可单纯量化的实际需求。然而任何基于实际需求运作文化的人——迄今为止也是最适合群众的大众文化——都没有了解文化的真正含义。文化的职责不应是解决问题，或者要求它总是确认本已被认可接受的东西。通常最短的捷径不一定是最好的路径。在一个以人为本的社会里，人不应该被过分标准化，以免其另类思想和行为受到禁锢。文化领域的重点应放在自由创作上。只有在存在严重问题的领域，例如交通和医学领域，智能解决方案才确实称得上是解决方案。将数字化正确并有意识地应用于改善人类生活，才会更值得称赞和令人期待。

历史不按计划发展

——政治的回归

美国芝加哥的"罗伯特·泰勒住宅区"曾经是一个美好的创意，城市规划者声势浩大地用美丽的词藻为这个公共住房项目大做广告，城市的贫民以及依靠政府救济的居民，首先是黑人，都可以从瓦楞铁棚户屋搬进全新现代化的高楼里。28栋高楼首尾相连，错落有致地坐落在富裕的城南。新区距离大学不远，与著名建筑师弗兰克·劳埃德·赖特设计的"美丽草原之家"毗邻。但是，自1962年收到鲜花的第一批居民入住后不久，就不再有人愿意入住那些水泥高楼了。1997年在《芝加哥论坛》记者的陪同下，我参观了那个住宅小区，感觉仿佛置身在恐怖的犹太人集中营或者令人毛骨悚然的鬼城，楼房的入口和邮箱上都涂满了粪便；夜里孩子们睡在浴缸里，因为害怕帮派的枪击火并；光秃秃的草坪上散落了很多五颜六色的鞭炮纸屑，好像刚过了新年跨年夜一样。早在1993年小区就开始了第一批向外搬迁潮，2005年楼房开始拆毁，两年后最后一栋高楼也消失了。

　　这里一定是哪儿出了什么问题才遭遗弃。原本是一个美妙的创意，新建的高楼曾经干净整洁，有电梯、中央调控暖气和冷热水。可惜，这里的社会条件没有使来自悲惨肮脏棚户屋的居民的生活得到改善，单调而又冰冷的水泥高楼没有唤醒人们追求美好生活的愿望。在不稳定的社会条件下，2.7万居民不会在基本礼仪和习俗方面相互产生积极的影响。城市规划者梦想在绘图板上找到解决严重社会问题的智慧方案，最终却导致了一场社会灾难。

　　芝加哥这样自以为骄傲的总体规划缺乏对人类心灵的敏锐洞察力。这一现象可以用令人嘲讽的"解决主义"（Solutionismus）来诠释[65]，在现代建筑中有无数类似的例子。对于一个高度复杂的社会问题，只是许诺一个简单的解决方案，这使我们想到瑞士—法国建筑师勒·科布西耶的巴黎城市改造规划。该计划打算拆毁巴黎塞纳河右岸的几乎所有的老建筑，然后在那里建造18座宏伟不朽的摩天大厦。这个方案陶醉于破旧立新，完全没有考虑到如此一来，将会使这座有着悠久历史沉淀的老城失去其独特的魅力。

　　2013年，白俄罗斯记者耶夫根尼·莫罗佐夫从建筑学里借用了"解决主义"一词评论硅谷的众多创意、未来设计和商业模式。他发现作品中缺乏远见的意愿，追求完美却会带来恶果，因为设计师"只是随意地对需要完善的部分有兴趣。他们力求重新解释所有复杂的社会关系，使之表现为清晰简单的问题，有非常明确的、预计可行的解决方案，或表现为透明的、用正确算法易于优化的、简单程序。这些都会产生出乎意料的后果"。[66]

很多社会问题，既无法通过技术手段得到解决，也不会对自身造成太多暴力伤害。荷兰作家塞斯·诺特博姆认为，"建筑图纸是寂静无声的，但是现实生活不是。"如果城市配备很多摄像头和运动传感器，无人不受监视（正如美国很多城市长期以来所做的），虽然会降低社会犯罪率，人们却不再生活在自由的世界。埃里克·施密特的著名言论"如果有些事情你不想让别人知道，那你最好就不要去做"暴露了问题的实质。启蒙主义者希望培养人的判断力以使人们的行为显得更有道德，而控制论者剥夺他们表现道德的机会。"信任很好，控制更好"代表着硅谷的社会工程理念。

追寻监督和控制的解决方案并不局限于美国。德国的情报机构和警察也步后紧跟，在"打击恐怖主义"行动中最大化使用。这里我们再一次触及"转移基线"这个问题。20世纪80年代很多德国对人口普查和可机读的身份证非常愤怒，今天他们在日常生活中已经容忍了监控技术。在许多小步骤中，安全与自由之间的关系发生了潜移默化的巨大变化。这并不是因为近年来德国的犯罪威胁有所增加，而是因为当今有许多以前不存在的技术可能性。技术投入的方式因其存在而决定，而非用途。事实上，根据统计数据在德国许多刑事犯罪数量在下降，网络犯罪数量在上升。

现实是诡异的，一方面每一个获批使用的新监控技术都有其自身的理由和论据支持；另一方面人们很容易忽视整体发展正在摧毁一些重要价值这一事实，因为发展中的每一小步看来都不那么糟糕。控制取代了自由。最终，站在我们面前的不是一个崇尚自由的国家，而是一个推崇控制论的国家。

　　就这样社会经过无数小步骤完成了一个巨大的转变。在这条道路上没有出现任何停顿，迫使人们停下来……

*

　　"非透明"在社会里表达了重要的价值观念。鉴于朋党帮派、腐败欺诈等社会现象的存在，这种说法会显得令人诧异和奇怪。解决主义者的构想中也没有"非透明"这个词，只有透明的概念。但是，也有人对"透明"持怀疑态度，英国小说家威廉·梅克比斯·萨克雷讽刺了一个完全透明的、"随时会被发现的"社会情景。"请设想，所有犯了错误的人都会被发现并受到相应的惩罚的情景：学校里的男孩子们都会被打得鼻青脸肿，被惩罚的还有老师、校长……一位军官刚监督了对全体士兵的惩罚，然后自己就被套上了锁链；牧师刚说出诅咒魔鬼的话，就立即被围攻并被掴几十记耳光。任命牧师的高官显贵也要抓来痛打一番吗？殴打太可怕了。手都打麻了，打手看到被打断的木棍和鞭子都感到非常吃惊。并非所有人都会被发现，这是多么幸运啊。我再重申一次，我亲爱的朋友，我抗议我们所遭受的透明。"[67]

　　当然，我们距离萨克雷讽刺的社会还很远，但是我们正走在前往萨克雷讽刺的完全透明社会的路途中。现在还达不到每个人都掌握别人的一切，只有 GAFA 可以。然而，对于我们的共同生活，"非透明"非常宝贵。别人记录我们的行为以及我们掌握别人的踪迹都不完整，这样其实很不错。如果每个人都有可能了解彼此的一切，社会就会崩溃。萨克雷已经怀疑最大限度的透明是否会带来社会的和平，他提出最大限度的透明会引发社会冲突："大自然对人类的关照是多么奇异而又美妙啊，女性通常都不具备看清男人本性的才能……你想让妻子和子女看清真实的你，根据你的真实价值精准地评价你吗？如果是这样的话，我亲爱的朋友，你只能住在凄凉沉闷的房子里，你的家将冷若冰霜……然而，千万别自以为是，以为你就是自己展现给她们的样子。"[68]

一个完全透明的社会是不可取的，同样，一个不再允许偏离规范行为的社会也是不可取的。"没有任何一个社会规范体系能够忍受完美的行为透明而不羞愧得无地自容"，社会学家海因里希·珀皮斯写道，"一个揭示任何偏离规范行为的社会，同时也会破坏其规范的有效性。"[69]如果一切都被公开，人不会因此而变得更诚实正直，相反，所有的规范或迟或早都会失去有效性。因为无论如何人都不会百分之百地去遵守它们。

规范和规则"不可避免地有一些僵化，它们不承担义务，是固定不变的，也有些'固执'，总是过于苛求，还有些虚幻"。[70]社会行为和道德存在于灰色地带，存在于人们不太熟悉的行为里，它们不能像钉子或螺母那样标准化。在真正有人生活的地方，违反规则属于社会行为的一部分。即使违反规则，也有高度的文化条件。在黎巴嫩的贝鲁特闯了红灯不会受到警察起诉，但在德国拜罗伊特闯红灯，被起诉的几率就很高。如果贝鲁特的警察整天要忙于处理路人违规行为，他们恐怕也无暇顾及其他事情。可见，即使规范也受制于"移动基线"的原则。如果每个人都违反规则，那么违反规则比都遵守规则变得更加无关紧要了，因为越了解他人的违规行为，越使我们自身的不端行为看起来合情合理，好比，公开了其他人的避税伎俩可能会有更多人效仿，肯定不会形成更好的纳税道德。根据我们的比较逻辑，这很有可能是道德标准下降的开始。

若推着购物车未付款就要离开超市，购物车被自动上锁；又或者以地铁为例，进站口设置有检票闸以免有人逃票蹭车，[71]这类措施这在防止人们行为不端的同时，也剥夺了人们遵守规则或者违反规则的选择权利。越多的技术安全措施决定人们的生活时，人们就越不能训练自己的判断力，也就不能决断自己的道德行为。允许人们选择遵守或是违反社会规范，正是因为人们意识到它们不必须遵守，所以才显得更有意义。社会规范的有效性应该是自愿的，而不是强制的。毕竟，人们喜欢社会生活中的"模糊关系，它最终有利于人们彼此形成良好的印象，就像人们从规范体系中所得到的那样。只有大雾弥漫时人们才需要雾灯"。[72]

我们在现实生活中总是需要在不同的规范中间做出抉择，因为遵守某一规范时可能会跟另一规范产生矛盾。"只有愚蠢的人才会认为自己总有理"，马丁·泽尔的话同样适用于社会，也适用于道德和美德。人们应该严肃对待规范，但也不要过于严肃。规范应该让我们的共同生活更加轻松，理论上，规则的每一条都应该防止冲突。但是，如果人避免了每一个冲突，生活还有多少乐趣？谁还会考虑自己？

道德的目标不是追求最大限度的生命安全，而是最大限度地为人类创造一个充实生活的机会。规范应该围绕这一目的服务于人，而非让人受制于规范，相信没有人想要生活在一个任何违反规范的行为都会被公示被惩罚的国家里。如果每一个道德的基本原则都被无限抬高为严格的规则，那么它就会变得令人厌恶。总是诚实，总是公正，总是公平，总是富有同情心，总是慷慨大方，总是心怀感恩，有谁想成为这样的人？这样的人真的拥有充实的生活吗？

如果未来的科技承诺以数字技术回应模拟技术的问题，把人安置在一个安全矩阵里，那我们就要对这承诺高度怀疑和警惕了。以失去自由为代价战胜犯罪是得不偿失的胜利——代价太高，我们失去了可以自我决定的社会。那些要表现"好"的人不断地让别人"跟踪"和"推动"自己，他们并非是道德上的自律，而是依赖成性的瘾君子。更不用说那些拥有我们所有的数据、了解我们的动机、知道我们的需求和任何行为的强权者了，他们比我们自己还要了解我们。

任何想要描绘一幅数字时代的人道主义乌托邦图景的人都要认真严肃对待这个危险并意识到它的严重性。解决主义者寂静无声的建筑设计图不应该导致生活变得沉默无声。德国包豪斯的建筑师瓦尔特·格罗佩斯曾经禁止他所设计的住宅楼的居民在窗台上摆放花盆，因为这会破坏建筑整齐划一的漂亮外表。如今，只要有人生活和工作的地方，到处都可看见这样的"花盆"。可是，效率和优化的大祭司者还能容忍我们的生活和性格中的无序和混乱多久呢？不能百分之百承受工作压力的人，个人奋斗不完整的人，粗鲁没有教养的、难以接近的、易激动兴奋的、脾气暴躁的、迟钝慢性子的、玩世不恭的人，机智狡黠的人，还能被容忍多久？

　　然而，这些无序、混乱和不完美都是真实的、丰富多彩的、沉重的生活中的一部分，它们令人筋疲力尽，同时也很有趣。它们展现的是不按计划发展的历史。德国哲学家奥德·马尔克瓦德曾经这样解释历史的概念：一段历史，无论出现了什么意外，发生了就是历史。计划则相反，只有什么意外都没发生，计划才最终兑现。可是，如果什么意外也不会发生，那么生活还是生活吗？

*

　　在通往人道主义乌托邦的道路上，如果我们不留意，当前正在开辟的道路就会被冻结为完美的水晶之路，我们将几乎不可避免地、无恶意地抛弃政治。如果"我们不能鼓足力量和勇气摆脱硅谷的这种激励全球追求技术完美的心态，"莫洛佐夫说，"那么终究会有一天我们将不得不忍受一个不再使自身有价值的政治；不得不忍受失去基本道德行为能力的人；不得不忍受苍白的（或许甚至没有生命的）不再承担风险的文化机构，最终我们将会不得不忍受一个完全被监控的社会，在这个社会里，完全没有反对的声音，甚至无法设想有反对声音的可能。"[73]

　　任何只从效率角度做判断的人都无法对欧洲的民主和美国的政治有所作为。硅谷的主要思想家很少掩饰他们政治体系必须优化的想法，而且最好还要他们优化。两院体系和三权分立不仅有助于以更平衡的方式分配权力，而且还有助于放缓政治决策。古希腊时期，在雅典法庭上审判被告，通常当天就以简单投票方式做出判决，因而做出了很多富有戏剧性的错误判决。18世纪兴起、19世纪和20世纪推行的民主和法制制度，避免了这种仓促的行为主义。最短的路径在经济上似乎是最有效益的，但是从健康民主的角度来看，政治上延长路径往往更有效。一个节省时间、精力和金钱的方法并不一定就是最好的方法，有时甚至从根本上就是错误的。

时间就是金钱，快速获取报酬，这条经济规则并不适用于政治。很多优秀的理念实际上都很乏味、复杂、有挑战性，并且难以贯彻执行。想要提高政治效率的人最终只会废除政治，或者政治被社会工程取而代之。公民越是同意提高自身信息的透明度，这种转变就越是容易发生。正如德国联邦宪法法院前任法官奥德·狄·法比奥所言，"一方面，一个难以纠正的转变过程"正在发生，"西方民主生存所依赖的独特和批评性的人格，由于受到免费的诱惑很有可能成为沉浸于绩效的个体。一方面会根据技术自我控制标准和发展趋势逐步适应网络社区，另一方面人会寻找和挑剔别人的偏差行为"。[74]

条件化制约性（Konditionierung），最重要的是要考虑自己并筛选淘汰其他，这种情况实际上一直在发生并且比数字化发生得更早。铺天盖地的广告正在轰炸我们摇摇欲坠的价值观庇护所，正在摧毁我们童年的道德教育，消除宗教微不足道的残余，破坏来自学生时代对民主的浅显理解，削弱实力悬殊的奋斗力量。今天人们不再怀疑自己所获得的优惠价格对其他人是否公平。

德国前总理路德维希·艾哈德的老师威廉·洛普克曾经说过，作为市场经济基本核心的所谓个人原则必须与慎重探讨过的社会和人道主义原则保持平衡。但是在今天，社会和人道主义原则在哪里？谁还在努力推广它？自由经济和有效运作的民主在西欧有着千丝万缕的联系，它们如此紧密以至于让人很难想象二者缺一，社会将会怎样，但二者又绝不会形成和谐的统一体。无限膨胀的资本主义，并没有减慢速度，不仅在人们的外衣上加盖了品牌标签，甚至在人们的内衣隐蔽处有意识地淡化国籍，使我们成为单纯的消费者。我们正在浪费越来越多的时间考虑和比较价格以牺牲他者的利益。

同时，人的内心深处常常处于持续神经质的焦灼状态，过度饱和又受到刺激。最终没有满足的消费者，只有永远不满足的新的消费者。人的社交欲望、希望和目标仿佛网络世界里不断变换的场景，抑或智能手机里的数十亿张自拍照片一样随意互换。超级消费社会和民主制度并不是天然盟友，而是正像它们所表现的那样，很有可能只是临时的合作伙伴。

关于上述观点，最有说服力的阐述可以追溯到180多年前，亚历克斯·德·托克维尔关于美国民主的论述。1835年这位年轻聪明的法国贵族发现，在19世纪初期称得上"民主模范"的美国，漠视社会的商人不关心公益而只关心自身利益；他们财富越多，就越不受政治影响。社会越是放任自由主义无限发展，公民的政治意识就越加苍白。最后，托克维尔预测民主将被掏空，公民放弃参与权，国家将变成大包大揽的幸福独裁统治者，变成审美上的平均主义、政治上的极权主义。

托克维尔的预测正确吗？回答这个问题在今天比以往任何时候都更加紧迫。被理查德·森内特称为"消费者—旁观者—

公民"的人是否会将自己的民主权利拱手让给大型数字公司,并以自身的自由为代价为自己换取各种便利? [75]美国前劳工部长和政治学教授罗伯特·赖希说过,作为消费者和投资者,人的权力越来越大;作为雇员和公民,他的权力则越来越小。现实果真如此吗? [76]这个发展过程有没有替代方案? 还是有可能情况会改变?

*

国家受经济利益的主导并不新鲜。从 18 世纪晚期到 19 世纪末,在英国这种情况也不例外,对英国东印度公司来说,谁戴上王冠都一样。正如对今天的德国大企业来说,谁当联邦总理也并无差别。不同的是,最强势的大企业不再是单一国家的企业。GAFA 这类企业在很大程度上是无国籍的,甚至是超越国家层面的合作。

在这种情况下,国家和公民的关系问题,与过去几十年相比变得完全不同。未来,公民如何尊重国家? 国家如何保护公民? 这两个问题是相互依存的。关键在于"信任"——是否相信国家能够保护我们免受不道德的商业利益的侵害,是否相信国家不会超越保护界限来监视我们? 只有在这两个方面都能信任这个国家,公民才会相应地尊重国家。

在过去的几十年,公民与国家的关系,特别是公民与负责国民思想教育的党派的关系,一直在日渐式微。相反,很多人将自己作为消费者的态度转移到对国家的义务上。他们首先想到,

"这对我有什么用处？"或者"我能从中得到什么好处？"至于当代的重大问题，他们非常期待依赖技术寻求解决方案。所以解决难民问题应该是国家的责任，最好用数学的办法规定接受难民的上限，这样一来所有问题就迎刃而解了。他们以为同样的办法也适用于解决环境问题或者社会正义。

任何期待在政治上获得便捷解决方案的人在很大程度上已经放弃了政治思想。然而这正是社会工程解决方案的切入点。预防人类犯罪是严峻而漫长的过程，用传感器和摄像头全面监控一座城市，简单而又智能。仅仅出于这个原因，"智慧城市"成为许多人共同的愿景之一。传感技术可以将捕获到的城市及周边地区的所有数据存储到云端大数据库以供所需者使用。城市居民及其周边的科技进入永久互动模式。人周围的物会变得有"人性"，从另一个角度看，人也成为技术基础设施的一部分。

智慧城市的想法很有诱惑性，它使许多人沉浸于梦想。人和物的网络化会使经济更加有效发展，让数以千计的新商业理念如雨后春笋般涌现。人所做的一切，以及人所知道的一切，都留下了有助于"优化"人所在城市的数据。整座城市成为一个持续不断的学习系统，垃圾车的行走路线不会不合理，图书馆不会有借不出去的书籍，百货商店不会算错金额，任何时候都不会有能源浪费。对于全球运营的公司来说，这将是一个巨大的商机。如果某个城市想要成为一座智慧城市，可以从 IBM、思科、西门子、瑞典大瀑布电力公司中任选一家，公司会为城市客户提供长期的最佳服务方案。

还可以选择获得欧盟的支持并与大学合作，例如柏林、维也纳或巴塞罗那。这类项目的核心问题一直存有争议——到底应该由谁做实际决定，城市应该在哪些领域并在多大程度上变得更智慧？德国当代技术哲学家阿尔敏·格伦瓦尔德认为，这是发展中特别敏感的问题。最终方案不应该由政治家或技术公司决定，人们应该能够在各自的城区或社区决定该区域的技术基础设施需求。[77] 技术确实影响人的行为习惯，因此，不应该强迫他人适应某种特定的技术。若将城市发展为智慧城市视为没有其他选项的自然进化，实际上是在宣扬一种根本不存在的"技术决定论"（Technikdeterminismus）。[78]

在智慧城市这个问题上，同样应以人为中心，而非技术决定一切。一个城市或城区为了节省能源动员一切，应该能很快获得大多数人的支持。但是如果让每个人在公共空间随时随地受到监视，恐怕不会获得多数人的同意。德国的地方政府接受建议，不会为其城市大型基础设施采取政府采购的一揽子解决方案。也许大多数人对智慧城市尚缺乏想象力，无法设想如何真正生活在一个智慧城市里，是一个美梦还是噩梦？机器人在完全中规中矩的环境里会感觉良好，但是猎人、牧人和评论家则不一定。文明礼貌以及充满活力的城市生活有赖于偶然突发的、不可预知的、有时空间隙的、自发冲动的事件。完全计划的生活仅仅是一个死气沉沉的坟墓。

缺少解释、信息以及决策过程的透明度，没有最大限度的公民参与，在数字时代是行不通的。迄今为止在德国，国家和地方政府几乎无法满足电子政务和智能管理的最低要求。无论是税务管理还是建筑项目批准程序，政府部门距离快速和透明管理尚有很大的距离。

适用于城市狭小空间的解决方案，通过人工智能技术也可以适用于跨地区的超大空间。那些打算在某些道德敏感领域进行研究的人应该趁早放弃他们的如意算盘，尤其是在神经技术领域的研究，例如类脑芯片，模仿人脑神经元，利用脑机接口技术窥视人的内心。对于行动不便的聋哑人来说，这样的研究或许很有帮助。但是类似技术的其他用途就不得而知了。对此技术有兴趣的用户已经足够多，尤其是情报机构。我们对"数字化的两面性"，是让真实的生产设备虚拟地翻倍，但这种模拟模式的应用范围是否仅局限于机械制造，从何知晓呢。

尤其敏感的是，有人认为人工智能应该被编入"道德程序"，这个问题已经在无人驾驶自动汽车的设计上出现了。解决办法恐怕是让识别人外形容貌的传感器不要太过于智能，最好能屏蔽人脸识别功能。尽管如此，科技人员和某些技术哲学家仍然梦想给机器编入道德程序，其后果是不堪设想的。如果机器的道德程序做出了有争议的决定，比如在发生了事故或灾难的情况下做出了错误的判断，那么程序员就会被钉到耻辱柱上。人工智能应该在道德领域设一道警戒线，明确区分哪些领域应用人工智能无须道德顾虑，哪些领域必须在道德上深思熟虑，从而把被编入道德程序以替代由人做出道德判断的机器完全排除。这条界限的设定标准跟前文提到的护理机器人的使用界限设定一样：通常凡是有利于"辅助"人类的技术，原则上在道德层面无可指摘（除非有目的开发帮助犯罪的技术）；在社会敏感领域有意"替代"人类的技术，必须受到道德谴责。

　　但是，界限划分不能决定需要投入人工智能技术的时间和地点。关于人工智能会使人在很多方面变得更加愚蠢、更加迟钝的文献很多。以荷兰交通规划为例。在交通方面安全为重中之首。在20世纪80年代和90年代，交通规划工程师汉斯·蒙德曼提倡拆除荷兰城市众多的交通标志牌。他认为，太多的规则会损害人的独立思考。"如果经常指导人们并像白痴一样对待他们，那么他们的行为就会像白痴一样！" [79] 蒙德曼设计的街道更狭窄，看起来像乡村。司机对此的反应是本能地松开油门，甚至在看到交通牌之前就开始减速了。更多像蒙德曼这样的思想家会使我们的社会变得更好，尽管机器人汽车时代的交通将不再属于独立思考的应用领域。在数字化时代，国家应该保护公民的基本权利免遭技术的威胁。

～

　　在未来的人道主义社会里，数字技术会改善很多领域，会更有效地利用能源和其他自然资源。国家和地方政府也必须提高自己以便更好地适应公民的需求。相互交流和公民参与将促使未来的人更积极参与、共同塑造生活环境。另外，我们还要保持警惕，谨防技术解决社会问题总体设计的许诺。人类行为中的不透明、违犯规则和规范的可能性，这些都是人类自由的基本组成部分，人道主义的乌托邦就是要坚守和保护这种自由。如果技术要限制人类自由并自我膨胀，欲取代人类做道德判断，就应该制止其应用。

人道的规则

——优劣交易

用未来的眼光回顾过去，2010 年代是一个传奇的时代。人们感到被数字革命的冲击严重撕裂和不堪重负。如果数字超级权势宣称一个光明的未来，并向全世界预言这是历史发展的必然趋势，那么，没有指南针故而迷失了方向的人就会相信他们说的每一个字。一切似乎都被编了程序，人们相信西方国家除了合作以外，在拯救经济衰退方面别无选择。人们相信在互联网的虚拟世界有一套完整的与地球上的任一国家完全不同的适用法律。最终，人们甚至认为这就是进步，除此之外没有其他可能性，正如 20 世纪 70 年代人们认为核能技术代表进步和未来，此外没有其他更好的选择。

所有这些信念在 2010 年代被广泛传播。任何持怀疑态度的人都会被认为是落后的老古董，是脱离现实生活，敌视技术和进步，与 20 世纪 70 年代对核能的讨论如出一辙。任何想要站在多数派的人，在 2018 年都没有偏离这个信念太远，以免被别人当作疯子，必要时他们也可以适度呼吁，强调教育和判断力的价值，要求数字公司提高透明度等。数字经济是否存在、每个数字商业模式是否都会提高国民富裕程度、互联网涉及的是权力问题还是现实情况，等等，这些话题在当时都鲜少显现差异性。

历史正在重演。让我们回顾一下第一次工业革命，同样的困惑、同样的苛求、对经济逻辑同样的信念，后来证明那是一个极大的错误：那时工人不被看作是有价值的人，雇主支付他们最低限度的劳酬而不考虑他们的任何损失，因为只有最廉价生产——即支付最低工薪——才可以立足于国民经济的竞争中。今天我们知道，普遍的民众富裕始于工会和工人运动迫使政府更好地支付工人劳动报酬的那一刻。国家发现有必要建立社会福利法，立法之前曾一度认为社会法百无一用，对经济发展有害无益。立法之后国内市场蓬勃发展，教育质量提高，一切都变得更加美好。

2018 年的情况又如何呢？今天数字超级权势和他们小众的模仿者告诉我们，为了让用户的数据"原油"变成黄金，不应该把用户看作是拥有隐私权的有价值的人。这种商业模式似乎是无可选择、不可避免的，因为未来就是这样的，这是一个新的时代，有新的商业模式和新的法律。滥用个人数据，这是现实世界中的政治事件，它不应该在数字世界里出现。也许我们对法律积极的整体设想都还停留于昔日的数字时代，所以我们必须面对所有不可避免的现实。

从乌托邦的视角回顾 2010 年代，可以发现，在那个时代人突然失去了对自己的信任，失去了对国家和对法律的信赖。那是一个热捧创新和效率的时代、一个将商业模式（后来又不得不运用法律去矫正）合法化的时代。在那个时代，高层管理人员所推动的发展实际上与他们自己推崇的人类形象互为矛盾：他们认为客户是懒惰的、缺乏耐性的，用户没有权利保护自己的数据；他们却送自己的孩子去最好的学校，避免孩子变得懒惰、急躁，将自己的孩子看作拥有隐私权的人。

　　这是一个怎样精神分裂的时代！数字公司通常最大限度地、肆无忌惮地窃取人们所有的生活数据，用这些数据进行大规模的商业交易，而这一切在当时都是一夜之间发生的。再回到1998年，那时如果给政治家和宪法卫士们描绘一幅2018年将要面临的现实图景，任何视基本法为保护隐私权的人面对如此难以想象的崩溃，都会大吃一惊。人们会尽一切努力挽救，然而，这个转变不是一下子完成的，而是在潜移默化中一点点发生的。先是提供免费搜索引擎，再是社交网站，最后是语言助手。起初它们对数据保护的攻击不很明显，后来它们的影响又被低估了。到了2018年，大多数人确信，年轻一代已经掉进深渊无可挽救了。有些人还在感到轻微不适的时候，就有人开始许诺更安全的数字未来、更多的便利和舒适，憧憬令人难以置信的经济增长。试问，谁能抵制安全和舒适呢？谁来唤醒时刻准备售卖自己自由的人呢？谁还会怀疑一个承诺带来前所未有的进步和经济增长的商业模式呢？

＊

　　再来仔细观察一下2018年的商业模式。数据有多种不同的形式，数据处理可以有很多种方法。许多数据和真实存在的人没有任何关联。比如，为了让一条工业生产线全自动化操作，或者让冷却系统、通风系统、服务器和窗口等能够更省电地运行，或者为了维护保养机器等，我们需要大量的数据但不涉及个人数据。像这类的技术创新在法律和道德意义上完全没有问题。有一种与之完全不同类别的数据来自个人行为，比如，上网浏览、网上购物，或者在公共场合使用智能手机等，这些数据被收集记录了下来。同样来自个人行为的数据像医生和医院存储的病人的健康数据，这些数据本身极其敏感，理应受到很好的保护。第三种数据是基于对个人数据的匿名分析形成的，使用这些数据的人不知道数据来自何人。在这种情况下，提供个人数据的人的隐私应该受到保护，匿名数据比普通数据更安全才对。但是数据交易——至少从国民经济的视角来看——并不是在所有情况下都是值得赞赏的，也并非百无一害。

个人数据。使用智能手机在网上银行取钱，或者在互联网上浏览，都不可避免留下个人数据痕迹。这些数据泄露个人的习惯和兴趣爱好、行为倾向、日常生活以及经济状况，等等。此外，银行现在可以根据用户习惯更好地设置服务项目，在线零售商可以筛选用户的供货分类，服务至此，都还没有出现太大的问题。但如果用户的个人数据被用来计算以便定向推送广告，或者用户的数据被转卖给第三方，即商家可以根据各种规则随意薅用户羊毛，这才是最令人恐怖的。

一个特别阴险奸刁的商业模式是向用户提供一些免费的东西：搜索引擎、进入社交平台的账号、虚拟私人助理如 Alexa 智能助理等。这类的商业模式在现实世界很少见。客户知道要用自己的数据支付，但通常大都丧失了想象力，看不到事情的本质，不知道自己的数据卖给了谁，看不到这种生意多么暴利；只有在看到某些企业股市价格飙升时，才能发现一些端倪。数据的收集、补充、汇集、分类，建立文档，形成巨大的商业交易，许多专业公司专注于此并赚取了巨大的利润。实体经济中那些特别费力的、在狭窄的空间无法施展的交易，在数字经济中通过窥视刺探私人生活变得轻而易举。

对于像德国这样重视数据保护的民主法治国家来说，这跟恐怖袭击别无二致。但是这也不能排除数据是自愿输送的事实，因为许多数字通信设备，如智能手机、搜索引擎或像 WhatsApp 这样的即时通信工具，人们几乎无法舍弃不用。所以说自愿行为并不是真的自愿，在社会压力下出现社会孤立风险时，自愿行为才会发生。完全放弃使用这些设备或者服务并不是一个现实的解决办法。使用者如果没有太多关于加密和伪装策略的技术知识，只能不断地被定位、被监视和被侦查。

如果不为人知的第三方用客户的数据赚钱，普通人几乎无力抵抗。他们研究客户的私人信息、职业网页，观察跟踪位置，创建行动个性档案。所谓第三方的 Cookies（浏览器缓存）像臭虫一样到处嗅客户的计算机和智能手机，不停地推送有针对性的广告，而它自己则藏而不露。个人的需求常常在人们在意识到之前就已经被公开了，第三方公司由此获得巨大的商业利润。

读过奥威尔的《一九八四》或者赫胥黎的《美丽新世界》的人对"这一切都应该是合法的"论调也就见怪不怪了。如果数据交易在1998年一夜之间被引入，肯定会立即被欧洲全面禁止。然而，这一切在十年内以无数个小步逐渐累计转变而来，以相同的缓慢速度持续进行。数据交易常常巧妙地隐蔽起来，在很大程度上没有引起政治和司法部门的注意，所以抵制行为也是软弱无力。面对既成的事实和不断的渗透，德国和欧洲的政府几乎没有意识到发生了什么。了解数字变革时代之前的人几乎难以置信，自由民主的捍卫者受到舒适、便利、经济大幅增长的承诺诱惑时，是多么的软弱无力。

承诺的经济大幅增长究竟是什么？毋庸置疑，不知疲倦的计算机和机器人完成人的工作将会大大提高生产力；数以万亿计的匿名数据会使物流流程效率和效益大幅度提高。匿名数据用于优化交通流程、废物处理、医学发展算是承诺增长可预期的部分；在商业领域使用和出售个人数据，以便有目的地引导个人消费行为，如何体现国民经济的效益呢？

个人数据可以有针对性地向客户推送广告。对一个人了解得越多，就越能引诱他去购买指定的商品，但是如果一个人在某些商品花费了更多的钱，那么他一定会在其他方面节省钱。这对国民经济有什么影响呢？无论怎样运作，附加值都没有提高，只是钱的分配方式不一样了。食品公司梦寐以求像脸书那样更多地掌握客户信息；德甲俱乐部追踪球迷轨迹，以便向球迷销售附加产品；媒体公司希望读者被锁定在它的网站，以便推荐适合读者喜好的文章，顺便把读者的数据出售给第三方，这些操作都有利于公司，但总以牺牲其他公司利益为代价。根据客户的信息定向推送广告虽然有可能让顾客掏更多的钱，但不会使顾客的钱增多。蛋糕不会因此变得大一点点。

对国民经济最具伤害性的是大型数据交易商，像谷歌、脸书、亚马逊，以及强大而隐形不露的甲骨文公司、剑桥分析公司[1]、视觉DNA公司[2]，他们把数据卖给出价最高的一方。大公司变得愈加强大，小的市场参与者则失去客户和利润。[80] 例如，美国营销服务供应商安客诚[3]拥有美国 96% 人口的准确数据，以及大约 4400 万德国互联网用户的资料。这些个人数据被划分为 14 个主项（单亲、贫困，等等）和 214 个子项（知识型、享乐型、物质消费型），[81] 任何支付足够使用费的人都可以获得这些数据。最终，经济渐渐消退，巨额利润落入少数公司和投资家手中，没人知道他们会在哪个避税岛纳税。

以上这些都属于个人数据用于商业用途。这还可以细分为个人数据仅仅被临时存储、被购入者购得自己使用，以及被购入后转售给第三方。存储个人数据并非一无是处，它有积极作用的一面，例如在医学应用和无人自动驾驶汽车开发方面。商业使用个人数据则是另一回事，需要有在商业用途范围内的准确和有差异的授权同意。相反，如果无限制地使用甚至转手出售个人数据则

---

1 剑桥分析公司（Cambridge Analytica）是一家经营资料收集和数据分析的控股公司。2018 年 3 月以不当手法获取 5000 万份脸书用户数据而闻名。丑闻曝光后其客户和供应商大量流失，2018 年 5 月宣布停止运营，在英国和美国申请破产。——译者注

2 视觉 DNA 公司（Visual DNA）经营互联网信息传输，旨在通过用户同意后将个人数据出售给零售商以获取利益。他们邀请用户参加性格测验，由此建立潜在客户的个人资料，并将之卖给零售商和信用卡公司。——译者注

3 安客诚（Acxiom）总部位于旧金山，提供身份识别平台，收集、分析和出售客户信息给广告公司以用于商业营销目的。——译者注

违反公民的基本权利，将是奇耻丑闻。

德国《基本法》和《欧盟数据宪章》是保护个人权利和公民
隐私的坚固堡垒，至少法律是这样写的。基本法第一章明确标
有保障人类尊严不可侵犯，确保每个公民都有"信息自主"的权
利。个人有权自主决定何时以及在何种范围内个人的生活资料允
许被披露。[82]越是涉及个人隐私的，保护壁垒就越高。从这个意
义上来看，德国联邦宪法法院恰是要"保障信息技术系统机密性
和完整性的基本权利"。[83]《欧盟数据宪章》第七章保护尊重私
人生活，第八章保护个人数据。欧洲法院于2015年10月在"安
全港决议"中规定，欧盟成员国在处理个人数据方面有义务保护
自然人隐私。[84]

依据以上法律条例，理论上，德国和欧洲公民应该受到很好
的保护。如果个人可以自主决定"何时以及在何种范围内"个
人的生活资料允许被披露，为什么会有人可以将个人数据用于
商业用途或者滥用呢？在谷歌、脸书、苹果或亚马逊的使用条
款下有个同意的选项，点击"同意"，但并没有解决"何时"的
问题。如果个人真的可以自主决定个人数据何时可以被使用，
那么每一次使用之前都应该被询问。若要判断个人数据在"何
种范围内"允许被使用，用户必须知道自己的个人数据被出售
给谁，才能识别是否超越了授权使用的范围。理想状态是至少
每个月用户可以得到一个简明扼要的个人数据的使用计划，用
户时常更新签署授权同意。

*

2016 年 5 月欧盟《通用数据保护条例》（EU-DSGVO）通过，所有欧盟成员国须于 2018 年 5 月前实施。这是个让人愉快的法案。条例禁止任何人任意掠取个人数据，公司应该将个人数据的处理限制在"最低的必要程度"，如第五条所规定"禁止保留许可"，现在举证责任终于逆转了，至少数据被滥用者不必再举证，而换作收集和存储个人数据一方必须提供证明，说明收集数据的目的，否则，数据使用无限授权无效。

每个在欧盟国家收集个人数据的公司或个人都会受到这项法律的影响，数字巨头 GAFA 们也不例外，这标志着权力斗争开始。毕竟，谷歌、脸书和其他高科技巨头为用户提供操作系统、电子邮件、社交网络平台和网上购物平台，公司却只被允许在"必要的程度"使用个人数据。欧盟是否会以一切必要的强硬姿态引领这场权力斗争，还有待观察。现在，在欧洲国家的互联网经济里已经出现了一股抵制欧洲《电子隐私法规》的逆流。作为欧盟《通用数据保护条例》的组成部分，它从根本上禁止处理个人数据，除非用户明确表示同意。此外，使用欧盟公民的个人数据时，该公民必须年满 16 岁以上（含 16 岁）；每次使用同一人的数据时都必须重新获得授权，告知其所有营销措施；不得以广告为目的强迫网上购物的个人公开个人数据。

如果欧盟《通用数据保护条例》中的《电子隐私法规》都能得以准确地贯彻实施，将为重新赢回信息自主权向前推进了重要的一步。此外，某些行业的抱怨，尤其是德国的报纸出版商，不应该恐吓政治——毕竟其所涉及的是宪法法律保障的基本权利。迄今为止人们竭力规避的和废除的，绝不代表都是正确的。

权力斗争正在尖锐化，政治终于露出了它的獠牙，斗争还没有决出胜负。人人都认为欧盟《通用数据保护条例》只是一种中间状态，有些人希望它更严厉、更明确一些，而对有些人来说它已经走得太远了。

究竟为什么？一方面欧洲没有人愿意支持由 GAFA 造成的垄断和扭曲竞争，只有少数人对秘密运行国际数据的怪兽还可宽容接纳；另一方面许多人并不想要从根本上拒绝本土经济获取个人数据的"原油"，更愿意将区域经济或民族经济视为跨国经济巨头的竞争对手。大型企业联盟的说客们在这方面非常鼓劲人们贡献他们的"原油"，即使个人数据的国民经济效益并不可靠。对个人数据进行广泛商业利用的结果很可能导致大型市场参与者（其中许多人在欧洲纳税很少）排挤掉小型市场参与者，许多商业模式被摧毁，很多人被解雇。广告策略变得更加狡诈，购买力降低，毕竟只有少数人可以从个人数据的商业交易中获益赢利。从个人数据的转买转卖来看，它并没有促进国民经济增长。

此类的关联性目前几乎还没有深入讨论过。当商业协会向政治施加压力的时候，他们关注的不是国民经济，而是强大市场参与者的个体利益。他们所描绘的耀眼的新"原油交易"的未来图景被歪曲了。许多政党，特别是自由民主党，十分信任商会。因此，法律问题更多地依赖于经济结果而不是预期。法律是否该严格地界定非正式的、信息自主的基本权利，取决于如何评估个人数据交易对国民经济的影响。

这期间许多大型投资公司甚至国家投资谷歌、脸书、苹果、微软等公司的商业模式，将自己的命运与数字公司联系在一起，这并没有使情况变得更简单。一些国家如挪威、新加坡、马来西亚等国，正在向美国数字经济投入巨额资金。世界上没有哪个公司像苹果公司这样如此大规模地进行国际间公司债券交易。包括国家资本在内的来自世界各地的金融资本都正在为硅谷注入大量资金。苹果，谷歌，脸书、亚马逊和微软五家公司2017年的总市值一年之内增加一万亿美元！中国的情况也不例外，数字公司阿里巴巴和腾讯在过去一年的市值超过了5千亿美元。[85]

欧洲经济或者欧洲国家越是依赖硅谷的商业模式，对保护欧洲公民避免他们的数据被出售的兴趣就越少。数字经济的许多商业模式实际上也可以在个人数据非商用化的情况下实现，但是这种看法完全被摒弃了。如果谷歌或者脸书不再被允许使用欧洲公民的数据，唯一的、被信以为真的免费使用会简单粗暴地变成付费使用。

如果使用无人驾驶自动汽车，每月向供应商支付更多费用，但是能确保个人数据不会被盗用，岂不更好？让这种商业模式光明正大地被推广，既不会阻挡进步，也不会有损国民经济，这只是将经过深思熟虑的实体经济的游戏规则移植到了网络经济中。

遗憾的是，很多政客仍然相信大数据商业模式只能是暗箱操作，无论是搜索引擎、社交网络平台、应用软件还是在线交易或者物联网。这只不过是某些商业利益广泛宣传的神话，用来保护其不透明的暗仓交易。这不符合"网络的逻辑"，但是符合冷酷无情商业化的逻辑。

搜索引擎可以在没有数据交易和分析的情况下进行，这可以通过大约 30 个替代搜索引擎证明，其中法国的 Qwant 目前似乎是欧洲最好的一款网络搜索引擎。使用它代替谷歌搜索，也会获得同样好的信息，同时个人数据还能得到保护。遗憾的是，Qwant 并不像谷歌那么知名。这种情况要想有所改变必须要在欧洲国家层面有所行动。国家为现实世界中的自由交通提供了轨道和道路，期待自由交通得以改善；国家保证公民的能源供应，国家为什么不能对互联网上的自由交易做同样的事情呢？为公民提供保护其数据的网络基础设施，在 2018 年的欧洲各国难道不正常吗？无论是搜索引擎、电子邮件、社交网络、数字城市地图还是语言助手，所有这一切在数字时代都属于基本服务，不应该掌握在某些商业垄断者的手里。

在未来人道主义的社会里，国家不会将信息基本供给的问题交由具有不透明商业行为的公司处理。在实体经济中被排斥和禁止、但在数字经济中被允许的运营模式也必须很快结束。如果网开一面，那么本书第一部分中所描述的反乌托邦场景将会畅通无阻。若不设防抵制，对信息更加透明以及反对寡头垄断的愿望就会不断落空。德国前宪法法官乌多·狄·法比奥所说的"相当严重的威胁宪法法律的情况"，只能从根本上解决，而不是像他认为的那样，可以从旁解决。[86]

至此，人道主义的乌托邦愿景得到了清晰明确的阐述。下一个问题是：在一个人类尊严、个人权利以及信息自主基本权利都得到最好保护的人类美好未来社会将是什么样的？ 19 世纪和 20

世纪工人阶级逐步实现了行动自主，工人得到了社会保障。德国没有人必须劳动以免饿死或生活赤贫。21世纪必须反对强大的数字公司带给人们的"信息不自主"，以保障人们的数据自主权。此外，仍然要防止和避免冷酷无情的剥削。就像那些有浓郁雪茄味的白发绅士身上的原始的曼彻斯特资本主义一样，友好的帕洛阿尔托资本主义只不过是柔软的运动鞋，被松绑了的一种极端形式，且文明化了。盲目模仿，不惜以牺牲人类启蒙的宝贵成就和全部尊严为代价，将不可避免地使人们滑向反乌托邦的道路。在此，最短的路线绝不是最好的路线。

*

　　一个人道主义的未来社会不以经济利益权衡隐私权，就像我们今天在奴隶制和童工问题上同样不能以经济利益权衡一样。基本权利就是基本权利。人们只需要留心观察，就会发现被合法化了的间谍文化对社会道德做了什么。信任文化是自由民主社会的重要基础，当有陌生人在合法的外衣下监视、利用、欺骗和剥削自己，这不是对信任文化的严重打击吗？间谍文化合法化究竟想要对社会做什么呢？我们应该怎样看待像美国互联网先锋杰伦·拉尼尔建议——被数字公司剥削利用了的人应该得到一些补偿。[87] 照此说法，背叛我们的核心价值观并获得金钱补偿，就可以使一些行为合法化了。
　　换个角度思考，如果文化变革真的到来了，从成熟到控制的技术统治，现实会变得很糟糕吗？如果全世界都接受了数字技术，不再对它有任何不满，人们能接受这样的结局吗？潘多拉的盒子一旦打开，就很难关上，人们只能努力适应，并让自己满意；即使被当作商品出售给用户，人们也不会反抗。到目前为止，人们都还高兴地使用免费的软件或平台，只要人们喜欢，甚至可以让人在虚拟的世界里和自己告别。也许这就是世界的发展进程，谁知道呢？但愿自由主义的民主不是历史的终极目标，就像美国哲学家弗朗西斯·福山在东欧剧变后所宣布的那样，它仅仅是通向技术统治和自主机器时代的中间站。

这条道路并非遵循自然法则事先预定，就像所有其他所谓人类发展的道路都不是预先确定的一样。如果任由个人数据继续被滥用，就相当于在培养硅谷寡头垄断，使之成为不断强大的超级霸权，用温柔的手段破坏社会市场经济。

我们这个时代，自由的悖论是大幅度削减个人数据使用的自由，以便继续保障或重新获得个人自由。国家在这个问题上表现得越是自由，我们的价值观越易被毁，个人的自由越易成为空谈。推行秩序政治和捍卫基本秩序，意味着重新夺回宪法保障的个人权利，尤其是信息自主权利。

数据垄断会导致经济和社会中新的权力失衡。认为公民的自由权利重要的人不欢迎旨在越来越精确地操纵人类的商业模式。国家应该控制商业对个人数据的访问权，这是无论哪个党派都应该承担的责任。但是如果面临经济危机，人们常常会迷失方向，特别是德国自由民主党——公民权的传统代表，在这个问题上到目前为止完全选择失明。

当然，"小人物"对如何保护他的数据也有一些聪明的办法。

市面有很多建议指南一类的书籍，比如说"你找不到我"这类书名，提供了一些技巧和技术建议，保护个人数据免遭攻击。[88] 这些技巧操作起来麻烦又费力，只有极少数人愿意参与。毕竟这里还存在一个不可避免的风险，即有可能引起情报机构的注意，怀疑是否有人真的隐藏了什么。令人惊愕的是，在联邦德国，已经有人因为将自己的数据设置为无法识别而遭到怀疑。可见，已经很难说清事情偏离多远了。

因此，技术进步必须跟社会进步同步。无论哪里出现问题，都要尽力消除。这涉及监控问题，涉及社会问题过多依赖技术解决而使人受到失去判断力的威胁，涉及征税的问题——在这点上达成一致更容易一些。数字时代的商业模式需要重新思考税务制度，尽管如此，直到 2018 年国际税收法的根本改革还没有实施。其中增值的类型和税收地点必须绑定是改革的关键，即在哪里赚钱就在哪里纳税。欧盟需要做的只是制定对公司征税的共同税基。

*

回到 2014 年，时任司法部长海克·马斯强迫数字公司公开算法，当时的经济部长西格马尔·加布里尔提出要拆散大型平台运营商化整为零。后来，这两个举措都没有发生，但是还是有了一些改变，欧盟《通用数据保护条例》就是重要的一步。然而历史的车轮滚滚前进，一方面德国和欧洲的公司仍然渴望获得实际被禁止任意使用和出售的个人数据，另一方面硅谷正在把自己从这种商业模式中解放出来。并非硅谷企业自愿放弃来自免费服务的高达数十亿美元的广告收益，而是在人工智能领域，从无人驾驶自动汽车到物联网，很多商业创意不一定依赖广告收入，只能说它算一笔额外收入。

即便是新的商业模式也应该迫使欧洲重新思考和采取行动。到目前为止，为什么欧盟没有哪个国家准许为建设快速网络的巨额投资给予金融补偿？使用地面架空电缆需支付费用，为什么使用地下光缆却不必支付费用呢？同理也适用于"自主"驾驶。使用德国纳税人的钱修建的道路，理应为此支付相应的费用。外国互联网公司使用德国的基础设施，为什么可以免费使用呢？

物联网同样面临挑战。根据用户的身体数据，调整办公桌椅使其有利于健康，这是通过传感技术和信息处理进行"事物"交互的一个漂亮而简单的例子。应用程序越多，问题就越明显：对用户"正确的"和"健康的"选项完全由程序员来决定。这与无人驾驶自动汽车没有不同，无人驾驶自动汽车需编入躲避碰撞的程序（前文我提议屏蔽人脸识别功能），但是有些系统不能设置"屏蔽"，否则会无法运行。这种系统具有很高的"环境智能"，它的传感器非常精确，结合各种参数做出编程决策。法学家和作家伊冯·霍夫施泰特尔曾提倡"道德地"对计算机决策进行编程时，要考虑人的基本价值观和规范，并将之视为"价值设计"参数。[89]事实上，这种编程从未能达到可权衡人类道德差异化的水平。之所以不能在于，在道德问题上理性和直觉冲动往往是不可分割的。因此，更重要也更可行的方法是，人们在哪些领域承认物联网的决策，在哪些领域就绝不会让一个程序决策决定人们的生活。

　　有了这种智慧分辨能力，还需要国家对初创企业提供支持和资助，这在今天已得到了广泛认同。一方面想要调整，另一方面还要为实现创新、发展和增长建立激励机制。智慧的设想有助于节约能源、开发新的环保技术、利用 3D 打印机为难民建造体面的住房、有助于更好地网络推广和宣传好的理念；智慧的规划可以更好地监控情报机构、有助于促进真正的教育，为了人道主义的未来，这些都迫切需要得到支持。每一个鼓励公民拥有企业家精神和创新精神的国家都应该看到，所有这些最终都是有益于国民经济的。如果所资助的创新企业，成功之后便高价卖给了谷歌或者脸书，对国民经济的结果恐怕会适得其反。因此，国家在资助创新企业时，应该设有相应条款规避此类事情发生；如发生此种情况应取消资助。

～

　　在一个人道主义的未来社会，个人数据禁止交易，个人数据只有在特定情况下获得许可后才会被允许使用。信息自主的基本权利将得到高度尊重。建设数字基础设施是国家的职责，国家免费提供人们所需的基础设施，以便在数字世界里获取信息、互相沟通和帮助。诸如物联网这类的数字网络能为人们提供服务，但是，在人们基于良好基础而能自主地做出道德决定的所有领域，数字网络都应该止步。

另一个社会

——告别货币世

人们将要走向何方？未来社会是一个自由的、人人可以自主决定的社会。无论人们是作为猎人寻求新鲜的和陌生的体验，还是作为牧人关照亲朋好友以及需要帮助的人，还是作为评论家审视社会并继续思考，在未来社会里，人们将会愉悦享受生活中许多小事并理解它们存在的社会意义。同样，无论管理花园，还是管理大型项目，还是关照他人的心灵健康使人身心愉快，未来的生活将会比今天有更多的尊严、更多的自由、更多的个人发展空间。在未来社会人是富有责任心的，他们可以区分自己真实的需求和"被劝说的"需求，他们所做的一切都是为了避免以牺牲后代为代价。医学不断改善，寿命预期不断延长，城市里刺鼻的交通已经让位于无声的滑行。更多的绿植、更多的平静和安宁、更多的平安与和谐已经步入这个生活世界。同时，不知疲倦的智能机器给全民创造福利，劳动世界的忙碌和紧张已经转嫁到低声嗡嗡作业的机器上了。

那么这些——或者说其中重要的部分，如何实现呢？让我们回到奇特而又喧嚣的 2018 年。一方面，一条上升的直线表示在数字化先进的国家里，人们越来越不必为金钱而工作。这个进程——从开始的每周 82 小时劳动量到今天德国的每周工作 37.5 小时——还在持续进步。越来越多的人从赖以生存的、恐惧和压榨的、单调无聊的、没有尊严的劳动中被解放了出来。即使在那个时候，教育和发展在历史比较中几乎有无限广阔的空间，并且超越了启蒙主义最大胆的梦想。

另一方面，一条向下倾斜的直线表示社会从 20 世纪晚期基本成熟的自主型转变为人的行为日趋受控制型，这是一个以牺牲反思判断力为代价的、充满刺激和欲望扩张的发展过程，文化、道德和政治能力都受到威胁。最终，甚至要把人类导向同意和机器融合，植入脑芯片，直至所有人性的都变得多余，人道主义将消亡于机器独裁专制——"奇点"的独裁。

人类的梦想和噩梦在 2018 年如此紧密地连在一起。但是，在第一次和第二次工业革命时期情况也是如此。工人的命运令人震惊，但资本家认为这不是什么问题，马克思相信这种情况持续下去会造成大规模赤贫灾难。回忆一下第二次工业革命中泰勒制[1]玩世不恭的人类形象，对于工人来说，这只不过是流水线上简单的手臂动作，而且节奏越来越快。20 世纪初的大多数经济学家都没有预见劳动力解放。那么为什么"数字泰勒制"——减

1　泰勒制（Taylorismus）即美国管理学家泰勒（1856—1915）提出的科学管理理论。该理论借由重新设计工作流程，对工人和劳动任务之间的关系进行系统性研究，透过标准化等方式，以使劳动效率和产量最大化。——译者注

少人类对数据的效率利用，就应该是历史的终结而不是一个成熟新技术的、可纠偏的过渡阶段呢？

很多迹象表明，并非一切都会像硅谷所预测的那样发生，因为有三大危机同时出现在了天际线。一是消费危机。今天和未来，在通过数字合理化和逻辑优化提高经济生产力的地方，新职业能够并且应该出现。与之相对，有更多的人失去了工作，购买力下降。在消费升温的地方，由于系统性压榨顾客系统，导致经济增长并未发生。大企业无论生产性营利还是耗费性营利，都不利于提高民众的购买力。从这个意义上来说，数字化进程是在遵循早在 20 世纪 70 年代就开始了的发展轨迹——在国内市场需求没有突破性发展的情况下系统性地提高经济效益——并且不断加速。长期以来出口、债务和金融资本主义所掩盖的事实——我们的经济活动方式不能再继续引导我们实现国民经济的增长目标——现在不得不面临被公开的威胁。

现在，GAFA 的巨额净盈利对美国国民经济几乎没有太大的意义了。如果以人工智能为基础的未来商业模式如自动驾驶汽车，为市场做好了准备，那么这将是给奄奄一息的美国汽车制造业致命的一击。同理，无数其他行业同样也会遭到技术引发的毁灭性打击。在像德国这样的国家发生戏剧性变化之前，这种情况会首先在美国出现。唐纳德·特朗普现象现在就已经预示了即将到来的地震，硅谷的技术乌托邦不会在真空中实现。如果给国民经济制造困难甚至灾难，它们不会继续直线向前发展。这也正是高科技公司和大投资商呼吁推动"全民基本收入"的动机。

二是数字化危机。GAFA 和它们的投资商描绘了一幅美丽的新世界，而反驳他们最有力的证据是所承诺的美丽新世界可能将无法在经济方面发挥作用。许多商业模式都是纯粹的广告公司。预约乘客服务的优步（Uber）科技公司每年损失大约10亿美元，但它并没有让沙特阿拉伯或高盛等大型投资家感到惊恐和担心。优步公司的价值不在于它的资产负债表上，或是估值600亿美元的身价，而是在投机者的希望中。优步在数字经济中并不孤单，很多数字公司的价值都源于软银集团"愿景基金"和其他风险投资基金的梦想，梦想使他们相信自己的承诺——让这个世界每天都变好一点点。无论是在线租房平台还是在极度膨胀的电子学习平台，营利的商业模式几乎无处可见。贷款容易造成投资过度，随后又无法回笼资金，由此产生经济泡沫，那么继2007年至2009年世界金融危机之后，可能很快就要出现巨大的数字化危机。

　　更重要的是，像德国这样的国家，要尽量避免使自己过于依赖数字消费经济，特别是在以营利为导向的为个体提供服务的行业。最好的电锯、螺丝、工业纺织或轮式箱包等制造业，在未来仍将是德国经济的支柱企业。与此相反，考虑到经济因素，硅谷在整个技术领域规划的发展道路可能不会平坦畅通。虽然人们可以尝试用虚拟娱乐来安抚三分之二的人口以确保社会稳定，但即使它成功了，也无法创造足够的消费力以使投入人工智能的数千亿美元投资获得收益。数字经济，至少是依赖于消费领域的数字经济，有个很难解决的困境——在未来不会有很多的人可以赚足够多的钱，以今天的方式维系这个体系的生存。这可能恰好说明了，为什么旧体系里那么多营利的商人对先进工业国家迫在眉睫的大规模失业只是低声悄语。因为，如果让人们明白时下这条道路是行不通的，就会不可避免地唤醒人们选择另一条可行道路的思考，而这正是德国大型经济协会目前所不感兴趣的。

很多人在未来经济中仍是消费者，但也仅仅是消费者。以色列历史学家尤瓦尔·诺瓦·赫拉利在他的著作《未来简史》中说过，启蒙主义的自由人类形象之所以得以推广，是因为人们许诺从中可以获得军事和经济利益。当雇佣军制让位于义务兵役制、工厂需要工人时，人们被赋予了更多的权利，这被解释为个人的权利，因为需要他们作为这样的个体。我们不必忠实地轻信这一论点。在 19 世纪早期的工厂，恰恰不需要这样的个体。人权宣言当然不只是服务于军人的动机，但至少赫拉利的结论——道德和资本主义经济在自由主义里建立了一种暂时的联盟，这个联盟在未来恐怕要消失，不再有必要了——是正确无误的。"当经济重要性在大众中失去意义时，也许人权和自由权在道德上仍然是合理的，但道德的根据是否还充分？精英们是否会继续将某个价值归功于每个个人，即使他在经济上承担不起？……因为智力和意识脱离，人们面临失去自身经济价值的危险。"[90]

硅谷把人视为一个数据密集体，一台可以把自己从人类中拯救出来的赤字计算机，如果我们仔细审视硅谷眼中的人类形象，我们将会很快感受到赫拉利的忧虑和恐惧。一边鼓励并推动企业不受控制地收集人们生活信息的数据交易，并企图以社会工程取代政治，一边微笑地声称要使世界变得更美好，请相信这样的人和企业在人道和人权上不会做出什么有益于社会的事情。因此，赫拉利很可能是对的。一个诞生于第一次工业革命自由资本主义经济和启蒙运动结合而产生的自由主义基本价值观，即将走向它的终结，因为劳动和绩效社会的基础消失了。本书先前部分提出的观点在此有了一个清晰深刻的轮廓。那么接下来会发生什么呢？

*

消费危机和"赫拉利危机"是"继续前进道路"上不小的烦恼，是自由的人类形象或经营方式发生突变的迹象。人只有意识到面临抉择时，才能对当下的形势有所醒悟。硅谷的超级资本主义不能再像以往那样，大肆侵犯的同时还高举启蒙运动价值观的大旗。解放的上行线（人类从雇佣奴隶到自主决定的道路）和被剥夺行为能力的下行线（通过程序代码逐渐取代人类的判断力）不可能在两个相反的方向上无限地延伸下去却没有导致体系分崩离析。

这种混乱通过第三个危机——生态危机——变得更加剧烈动荡。生态危机的影响范围远远超过了其他两个危机。日益全球化的经济模式在 2018 年仍然追求无限增长，冷酷无情地掠夺资源，并给环境带来沉重的负担。不能再继续这样下去了。对此，实际上每个人都很清楚，但是还没有从中汲取教训。资本主义经济，据说必须保持增长，倘若真如此，它可能会使地球尚在本世纪就很大程度上无法居住了。地球上四分之一的人口生活在富裕的工业化国家，消费了世界四分之三的资源，其中大部分都是有限资源。从这个意义上来说，数字化正在推动有害的发展。数字技术通常需要大量的能量，单是比特币的加密货币技术每年消耗的电量就几乎与丹麦全国的耗电量一样多！[91] 谷歌、脸书等公司虽然无所不能，但是它们却不能阻止气候转变，不能消灭全球饥饿，也不能增加地球资源和饮用水，他们甚至不能摆脱螺旋式增长。即使谷歌的能源消耗性价比更高，但与越来越多的消耗能源的数字技术相比，几乎是无足轻重的。可以说数字化正在继续向前推动资源掠夺和气候变化。

第三个危机特别令人棘手的地方在于无法对它采取任何有效的同步校正措施。相对于正在增长的生产力，如果消费水平太低，通常的解决方案是提高消费水平。经济学家海纳尔·弗拉斯贝克呼吁，只要简单地增加工资，一切就又都平衡了。[92] 然而，昔日的方案解决不了未来的问题，方案制定者对劳动和绩效社会的经济动荡视而不见，他们喜欢悄声议论，因为这不符合它们的运营模式。他们继续捍卫消费主义的意识形态，这恰是我们目前迫切需要克服的问题。正如我们所指出的，今天已成为富裕国家特色的过渡消费主义导致了人们缺乏国家公民精神，造就了"急躁的和懒惰的"消费者，扩大了生态灾难。换言之，人们为了消除消费危机，不得不加剧生态危机。

面对如此巨大的挑战，有人说"每个问题都是一次机遇，问题越大，机会也就越大"。这是在硅谷十分流行的一句名言，是不是有些玩世不恭的态度呢？每次时代转变都会加剧现有的不安和恐惧，数字时代的变化如一石激起千层浪：气候转变导致数百万人生活基础被破坏；巨大的移民潮；盲目狂热的民族主义、分裂主义、贸易保护主义；互联网上的愤怒和仇恨文化；政治的厌倦情绪；转移矛盾的战争；阴谋论的避难所等，各种不安如汹涌浪潮以各种形式加速扩散。

这预示着一个剧烈动荡的时代正在到来。从无产阶级形成到工人运动发展至妇女获得选举权，第一次和第二次工业革命从根本上彻底改变了社会。未来的社会将变得更美好还是更糟糕，目前尚无定论。通常，社会再次陷入野蛮混乱，始作俑者就是煽动民众的鼓吹手。有人把目光转向中国，中国的数字监控发展迅猛，经济也获得极大成功。欧洲也需要效仿吗？若不仿效，我们是否会失去竞争力？疯狂的资本主义在21世纪向快速破坏人们生存环境的商业模式投资数十亿美元，正在威胁人们的自由，这并不是什么好事情。无论是在满腹牢骚者和失业者的地下室里，还是在穷酸诗人和左翼知识分子的阁楼里，抑或在集团掌舵人和决策者的大厦里，自由受到威胁的不舒适感在蔓延和增长。对于美国大投资家乔治·索罗斯来说，谷歌和脸书就是垄断者，"它们资助瘾君子，威胁独立思考，允许独裁者进行国家资助的监控。"开放社会陷入危机，民主受到威胁，文明生存遇到了危险[93]。

自美国哲学家约翰·罗尔斯时代开始，自由主义者坚信只有让最弱者获得最大利益，才会实现社会公平正义。可是，在这方面没有人指责 GAFA 们或者全球金融业投资商，也没有人对越来越让人困惑不解的足球运动员的高薪质疑。据发展和救援扶贫组织乐施会报道，如果世界上最富有的 62 个富人所占有的财富相当于 36 亿穷人所拥有的，就意味着资本主义在迅速走向下坡路，因为它没有自我纠偏的机制，没有任何一个国家的政府能阻止它下滑。资本主义制度如果瓦解，更多是因为摧毁了它基础的技术革命，以及自身矛盾的理念。

卡尔·马克思资本主义在《资本论》第三卷写道，资本主义经济生产效率越高，利润率就会持续下降，最终会引发制度危机。金融资本可能还会在硅谷投入更多的资金，但是这对消费经济没有持久的影响。数字经济的技术化程度提高的同时，产品会变得更便宜，直到最后企业不再有任何利润。社交网站、互联网引擎、语言助手以及物联网应该是共有财产。知识越普及，资本家以营利为导向的商业模式就越少。知识和普及，如马克思早在1858年就提出的，不应该仅仅是资本的"手段"，它们必须属于每一个人。如果情况果真这样，它们就会在"空中""炸毁"资本主义。[94]

然而，事情并非如一些人所希望的那样合乎逻辑并被肯定。即使硅谷目前正在快速形成的泡沫破裂了，它也只是资本主义历史中诸多泡沫中的一个。在避免利润率下滑方面，资本家一直非常富有创造性，他们通过全球化市场、战争以及真实资金和虚拟资本的无畏增长追逐利润。

如果经济真的崩溃，谁来掌握行动大权以促使资本主义的商业模式转变为公共福利经济，是美国政府还是欧盟？二者都不太可能。会是人民起义特别是受过教育的中产阶级？是的，非常非常有可能。

*

现实的道路不是消灭资本主义。1883/1884 年，德意志帝国首任宰相奥托·冯·俾斯麦用社会立法照亮了第一次工业革命的阴暗，减轻了一些曼彻斯特—资本主义的弊病。在 20 世纪 30 年代，"弗莱堡学派"[1]的思想家们将社会主义元素融入了资本主义经济，以使其在与共产主义的竞争中更加具有吸引力和稳定性——从此社会市场经济理论诞生了。他们的理念使第二次工业革命文明化，为 1948 年以后最成功的德国经济奠定了理论基础。面对第四次工业革命，我们再次面临一个变化了的经济条件下创造新秩序和新平衡的任务，即缔结新的社会契约。我们必须再次把社会主义因素纳入资本主义体系，在资本主义体系里实施更多的社会主义，以使从俾斯麦到弗莱堡学派的上行路线得以继续发展，抑或，我们以经济和社会的巨大撞击孤注一掷。

　　在左翼评论家如记者马蒂亚斯·格拉芙拉斯看来，引入"全民基本收入"是第一步。遗憾的这只被看作是一种尝试，以保证经济上多余的人获得"施舍者的尊严"。[95]事实上，适当调高基本收入可以把上百万人从按照社会规则运作的苛刻条件中解放出来。全民基本收入通过社会主义使人们更加自由，因此，很多人把视点聚焦于怎样和为谁而劳动的问题上，把它视为进入未来的猎人、牧人和评论家的社会的切入口。与 19 世纪的劳工运动一

1　"弗莱堡学派"（Freiburger Schule）德国 20 世纪 30 年代和 40 年代以弗莱堡大学为中心、以瓦尔特·欧肯和弗兰茨·伯姆为代表的新自由主义经济学流派，其核心理念是"秩序自由主义"，在此基础上创立并发展了社会市场经济理论。该理论涉及经济学和法学两个不同的领域，主张建立市场经济秩序，提出了自由原则和国家有限干预原则，保障在国家秩序框架下的市场经济竞争和公民自由，以"全民福利"为基本目标，并提出了超越社会主义经济和资本主义经济之外的"第三条道路"。瓦尔特·欧肯 1934 年出版的《资本理论研究》形成了其"经济秩序的纯粹形态"的学说，1943 年出版的《国民经济学基础》奠定了弗莱堡学派的方法论和理论基础。——译者注

样，21 世纪的"非劳工运动"必须重新获得人道。人道主义在受无条件效率驱动的经济中已经丧失了它的优势，未来面临损失更多的威胁。

当然，全民基本收入并不是终极解决方案，它仅仅是通向未来可持续发展的市场经济的第一步。新的教育制度与数字经济的文明化同样很有必要，它们必须长期服务于人类，而不是人类服务于它们。当"机器永远转动的资本主义"的幻觉破灭时，如果其他方面没有什么改变的话，提高生产效率显然对经济和社会没有太多的帮助。在数字技术和商业模式方面的意识转变，比起许多沉浸于硅谷关于未来可预定的伟大叙事中的悲观者所想象的要容易得多。技术独裁道路的宿命论，正如其本身愚蠢可笑的样子，很快就会原形毕露。从 20 世纪 50 年代到今天，德国人的意识和世界观发生了巨大的变化。从时髦的吊带裤装到喜剧演员汉斯·艾尔哈特的幽默世界，从政府部门职员到义务加班工作的世界，在今天的年轻人看来就好像是传说中的高卢英雄阿斯特利克斯时代的故事。同样，在 20 世纪 70、80 年代，人的意识同样发生了巨大的转变。为什么意识转变在未来几十年内不应有类似的进展呢？20 世纪 60 年代谁曾有过环境保护意识？而在今天环保意识无处不在。与环境保护需要生态和有机运动一样，科技方面也需要人道主义科技和人道主义科技应用的运动。

当然这些还不够。社会动荡会带来灾难，这次也不例外。首当其冲的很有可能是迎来大规模失业，迫使政治对其从冷漠到认识到采取行动。当媒体掀起愤怒的时候，情况就会变得越加清晰起来——很多看起来没有替代方案的商业模式，事实上并非如此。互联网、大数据和人工智能方面存在诸多可能性，并非独一无二；国家可以在议程上更加积极主动，发挥调节作用，制定激励措施，完全重建福利国家；从传统的劳动和绩效社会向一个全新社会的过渡阶段，国家不能让人民迷失方向。

*

至此，2018 年及其以后的政治任务有了一个清晰的轮廓。政治必须克服自我矮化，从"务实的沉睡"中醒来，让被磨蚀了的部分应重新回到自己的掌控中。所谓的自由市场，理论上不应对其进行规范，但在互联网经济中，面对拥有数万亿资产的垄断者，市场无论如何都谈不上是自由的。政治家必须明确指出，启蒙主义自由的人类形象的价值是什么，相应地保护所有人民的信息自主权利。因为，秩序和宪法监护机构没有注意到，在技术乌托邦的孵化器——硅谷正在发生变化，它在道德上毁坏了共产主义理念。基于解决主义的"让世界更美好"的承诺，即将出现一个要控制一切、而又不受任何控制的权力机器。

对此，我们必须加强防卫并且保护自己。我们的政治家和宪法法官必须捍卫自由的人类形象，不要把自身行为降格到算法中，让生命降低到由数据处理。这场争取自由的斗争不会在星期天咖啡馆的演讲中决出胜负，而是在对经济的调整和投资过程中一决胜负。梦游和强制参与的时代已经结束，互联网不再是政治家的"新领域"了。像马克·扎克伯格这样的人，他们的私人生活隐藏在帕洛阿尔托购置的土地和房屋里，躲在防火墙后，他们知道自己在做什么。如果他们对数据透明度的价值赞不绝口，不会再有人相信他们了。

但是，如何运作才能使数字资本主义更文明一些呢？如果按照美国经济学家斯科特·加洛韦的观点，今天除了摧毁谷歌、脸书、亚马逊和苹果以重塑真正的竞争机制之外别无选择。很有可能美国政府将在可预见的未来采取这种措施，这将不会是第一次。但是，如果摧毁了一个脸书又出现了三个脸书，消灭了一个谷歌又出现了四个谷歌，这真的能解决很多问题吗？这种商业模式，正如同它的商务实践和意识形态一样，很少被触动。即使硅谷的权力重新分配，仍存在各种危险——解决主义的方案和程序代码仍会使人们的生活陷入困境，它们妨碍和阻挠社会发展。

数字化未来的根本问题是：什么属于谁，为什么？无论如何人的数据应该属于个人。和不可莫测的私人企业相比，对于每个人的自由和发展来说，数字化的网络基础设施非常重要。国家要提供类似于公路和能源供给的基本保障，禁止将数据交付给有商业利益的第三方。无论将来对数字化议程做出什么决议，确保人的网络自由必须是首先关注的重点。同时，数字经济后果同样需要关注，自由的互联网有巨大的潜力，它可以使每个人都有所作为。

卡尔·马克思在谈论生产力和生产手段的区别时曾经说过，生产力是所有那些能制造产品的，即工人和机器。生产手段是国家机构、法律和资产关系，它们决定什么属于谁。第一次和第二次工业革命二者被严格分开。机器和工厂不属于工人，属于私营商人，或者国家。而在数字世界中，可能存在完全不同的情况。

两者的关系完全有可能不再泾渭分明。我的电脑或者我的智能手机是属于我的，为什么我的工作成果不应该属于我呢？在一个拥有广泛知识、能量巨大又非常便宜的机器的新世界中，传统的划分方式远不如在蒸汽机和流水线的旧世界里那么清晰明显。

此外，考虑到将来越来越少的人有全职工作，人们不可避免地要问，为什么未来的大众工人应该将他们的劳动力投入到大型数字企业而非为自己或为社区服务？与蒸汽机发明后的前两个世纪不同，合作和非中央网络在今天完全可以以全新的方式进行。如果国家要让未来数百万不再从事有偿劳动的人为自己和为社会服务，那么国家就必须尽一切努力推动实现开放资源和开放项目，特别是那些面向公共福利的项目。对于很多保险代理人或公交车司机来说，他们在未来几十年失去工作并不是一件令人高兴的事情。但是，这会给很多年轻人创造一个新的前景，与其在传统的数字经济中不满意地工作，不如为自己、为社区和为社会提供更多的服务。

关于此现象有个非常奇幻抽象的词语叫作"公有地共同生产"。公有地原指中世纪部族的公共土地、森林和河流。在大地主夺走公有地之前，乡村和城镇的农民在这块公有土地上共同劳作。维基百科就是这样的一个公共牧场，每个人都可以在这个公共牧场上放羊吃草，每个人都为所有人的利益在这里耕作。但是只要瞥一眼幕后，就可以发现那里的强权分布极不均衡。尽管如此，维基百科的原则看来是值得尊重的。左翼乌托邦人士在这期间已经深深迷恋上了这个理念。"公有地经济"结合开放式的物联网将解决所有经济上的问题。但是，这是否真的就应该是地球上富裕国家未来经济的矩阵？它一直还只是一个美丽的梦想，一个来自红罂粟的梦幻。然而，当前的硅谷商业模式正在摧毁对未来非常重要的、无偿提供社会服务的世界，并把它商业化到每个最细微的毛孔。正如"永动机的资本主义"不能正常运行一样，奥斯卡·王尔德所梦想的"永动机的社会主义"肯定也不会发挥作用。在世界上某个地方，人们继续挖掘用于智能手机的稀土，为争夺资源而激烈战斗。《星际迷航》的皮卡德船长的没有货币、一切都来自 3D 打印机的世界，可能只会在 24 世纪到来，无论是加密货币还是公有地生产都不是通往 24 世纪的最佳捷径。

所有这些并不意味着全民基本收入加上越来越多的公共福利经济没有向正确的方向迈出重要的一步，即从生态的角度业已指出的一个方向。我们的社会必须改变经济方式和思维方式，使人们不再需要和掠夺那么多的资源，否则我们的子孙后代将不能在这个星球上继续生存。人们需要更多的人文教育，必须用数字技术维护智能环境，学习如何正确判断数字技术在人们的环境中的地位和意义，理解它受限制的二进制逻辑，以及认识到把它移植于解决社会问题的局限性。各派政党应该将技术的"替代方式"作为竞选纲领的重点以捍卫启蒙主义的价值观。从传统的劳动和绩效社会转型到一个自动化、自主行动的世界，这个转型对国家提出了很多要求，包括：

- 从根本上改革社会体制，引入通过微税融资、至少 1500 欧元的全民基本收入体系；
- 通过明确的法规和法律确保电子隐私意义上的公民尊严，特别是公民的隐私权和信息自主权；

- 国家通过对没有商业利益的搜索引擎、电邮往来、语言助手和社交平台的支持，为数字化的基本供给提供保障；
- 对人工智能的商业模式实施全面监督，特别是如果商业领域里道德敏感的东西会被程序代码取代时，要实施公民参与下的官方监督；
- 促进塑造未来共同生活和社会创业的创新理念，推动从合作到共享经济模式的可持续发展，推动公共福利经济的创新发展；
- 认真承诺对可持续性发展和自然资源的保护，特别是面对数字创新。

预计到 2040 年，我们无法完成所有这些事情。对其中大部分内容必须在未来十年里做出决定，以使乌托邦能够实现一个美好的甚至更美好的生活。联邦议会的政党代表们现在还在梦游，他们只关心自己，对未来充满了无奈。但愿这本书对他们能有所帮助，促使他们为自己更好地明确今后道路的方向。

我们今天生活的时代被地质学家称为人类世，这个词具有误导性，我们的时代可能是人类的时代，但是它并不服务于人类，而服务于金钱，服务于工具主义的理性和利用思维。我们并未生活在人类世，而是生活在货币世——金钱的时代。启蒙运动的精神是未来应该是由人类塑造的，不应把未来托付给上帝之手，也不应把它交给以法规演化的技术之手。我们的社会应该是自主的社会，而非由他人决定的社会，更不是由上帝、资本、或者技术遥控的社会。让我们重新获得自主权，不仅是为了我们自身的利益，更重要的是为了子孙后代的利益。

深夜思考

我们与其他人

——数字化对全球的影响

托马斯·莫尔没有完成他的《乌托邦》，也没有指出他写作时的所有顾忌和疑虑。后来他承认，最终他发觉他"所写的一切，在他看来都是荒谬的"。他的小册子当时起草的是一个关于人类共同生活的最现代的、最人性化的设想。小说不是以一个预言作为结尾，而是用诚恳的言辞谈到他的理想国："当然我祝愿它比我希望的更好。"[96]

我十分赞同他的话。在简单答案的背后往往掩藏着一个真实的问题；在苦思冥想的夜晚看起来浑浊不清的、荒诞不经的问题，往往在白天则显得简单清晰而又明朗。有多少次在苦思冥想的夜晚看起来是错综复杂的、荒谬不合理的，而在白天则显得简单而又明朗。令人恐惧和沮丧的恶劣心情在2017年和2018年新旧年之交的灰色冬日，变成了春意盎然的欢快乐观。对于某些人来说，我的建议过于激进，甚至是敌视科技的。我是否严重低估了数字经济会带来成千上万个未知的新职业？我为未来生活的自由和自主担忧，有没有过度夸张？对另外一些人来说，我的想法还不够前瞻。何时废除金融资本主义？以加密货币和区域货币改变未来的力量在哪里？究竟什么时候结束现金流通？什么时候可以引入"全民基本收入"？有些人做梦都想看到不断成功的资本主义，其他人则想立即消灭它，甚至等不到明天。

人可以有很多梦想。在我看来这本书的重要性在于，在通往乌托邦的道路上是驾驶拖拉机而不是跑车，担心走得不够远或走得太远了只是次要问题之一。尤其是当人们对遥远的未来浮想联翩、脱离了德国和欧洲富国的富裕而舒适的蚕茧的时候，后果总是很糟糕。数字化不仅影响技术上最发达的国家，也影响其他所有国家。像东南亚地区，在20世纪70年代至90年代成为欧洲和美国工业的生产流水线，在未来则无法跟更便宜的机器人竞争。德国在东南亚的第一家纺织工业公司已经拆除了当地的厂房重返德国生产。如果我们在实验室用玻璃皿培育食用肉，以消除人们对密集型畜牧养殖的厌恶，那么在门槛国家和发展中国家很大程度上依赖畜牧业和饲料加工业为生的人又该怎么办呢？这些国家也无力负担全民基本收入。

工业国家考虑怎样继续保持营利的同时，也扩大了和贫穷国家的差距，其后果是未知规模的移民潮。相比之下，前几年的难民潮只是一次很小的预震。几千年来人们一直跟随着动物群迁徙，今天他们跟随资本流动。但是大型自动化不太可能为他们提供未来可以赖以为生的任何东西。

数字革命对许多人来说具有巨大的潜力，让人们在保护生态和清洁生产的可持续发展经济中，使自己的生活发展更加自主、更多信息和更网络化。与我们当下不同的是，我们不仅要考虑创新，还要考虑保留，考虑为消除以前创新改革而产生的成本。但是，我们能够从根本上改变我们的经济体系吗？我们真的会和他人分享资源和经济成果吗？暂且不说我们这样生活是否会幸福，就像我们经济未来的乐观愿景向我们所预示的那样——21世纪首先是一个新的世纪，在这个新世纪里，我们必须和他人分享我们的富裕繁荣，因为这是我们以他们为代价获得的一部分，而且还会进一步努力获得全部。人权宣言诞生于18世纪，19世纪在一部分欧洲国家被接受，20世纪在欧洲得以普遍实现。21世纪将是我们必须在全球范围内认真对待人权的一个世纪。承认启蒙主义并不意味着欧洲放弃人权，人人都享有人权。

更多地分享资源的同时保护资源，这在全球范围内究竟有没有可能？如果我们的生活越来越数字化，我们不会面临再也看不到生物和自然生态的危险吗？我们是否对自己、对我们星球上其他动物都有这种责任感？实际上作为生物的和有情感的生命体，人类和动物在未来应该比其他的人工智能更为亲近。法国后印象派画家亨利·卢梭1907年创作的油画作品《耍蛇女郎》是一幅彩色田园牧歌图，让人有一种回归自然而非技术的感觉。这位居住在巴黎郊区的布列塔尼亚人，从来没有亲眼目睹过热带森林的天堂，他常常梦想回归完美无缺的原始大自然，回归人与动物和谐共生的伊甸园：月光给天空周边笼罩上一层淡淡的朦胧暮色，照亮了灌木丛，原始森林一片谧静祥和，沉浸在虚幻的苍白月色下，使人产生一种超脱时代的、大自然缔造和平的古老感觉。画中，人类不是大自然的主人，也不是大自然的设计师，人既不改变自然也不掠夺自然，人类属于原始大自然中的一部分。画中的琵鹭完全不惧怕正在要蛇的肤色黝黑的夏娃，蛇的狡猾诡计也没有摧毁伊甸园。

如果未来猎人、牧人和评论家的社会没有失去对大自然最后的想象力；如果社会不凭借科技诡计破坏大自然，而是极力保护自然；如果这个社会的技术有助于减少对自然资源的掠夺，并愿意花更多的时间保护资源，那么这个社会将为人类做出最大的贡献。

实现这种理想的可能性还不是很大。即使有些人屈服于硅谷科技巨头的强大优势，笃信宿命论，相信通向机器独裁的道路在演化进程中是不可避免的，我们仍然可以在经济和社会的数字革命震荡中免遭其难，并在这个基础上建立新的社会契约。如此，需要以什么为代价呢？我们肆意消耗资源和能源，以最快速度加快毁灭地球，这一事实无法避免。北非萨赫勒地区的沙漠地带每天继续向北移动，中亚地区的咸海和中非地区的乍得湖几乎快要消弭，南极和北极的冰川继续融化，亚热带雨林日渐萎缩消亡。工业国家几乎没有减缓气候变化的有效措施，很快就会使世界许多地方无法居住。在这里我们必须重新思考如何为我们星球上数十亿人口创造良好的生活条件，同时又不破坏包括大气层在内的所有大自然，目前看成功的几率不大。

悲观主义有肥沃的土壤和更安逸的温床，但是如果所有人都倾向悲观主义，最终肯定会出现一个反乌托邦，因为没有人试图让世界的发展进程更好。乐观主义者需要鼓起勇气，悲观主义却让自己安于怯懦，他们只需要有足够的同类证明自己的悲观主义是合理的。

乐观主义者的期望纵然尚未实现，他的生活也一定比悲观主义者更有意义。

悲观主义从来不是解决问题的方案。

注　释

[1]　http://www.youtube.com/watch?v=fw13eea-RFk

[2]　Wilde (2016), S. 3.

[3]　http://mlwerke.de/me/me03/me03_017.htm, S. 33.

[4]　Zit. nach Terry Eagleton: *Kultur*, Ullstein 2017, S. 110.

[5]　Robert Musil: *Der Mann ohne Eigenschaften*, Rowohlt 1978, S. 40.

[6]　https://www.oxfordmartin. ox.ac.uk/downloads/academic/The_Future_ of_Employment.pdf

[7]　Brynjolfsson/McAfee (2016), S. 249.

[8]　Ebd.

[9]　Thomas L. Friedman: *Die Welt ist flach. Eine kurze Geschichte des 21. Jahrhunderts*, Suhrkamp 2008, 3. Aufl.

[10]　Die Idee, das »Monster in der Grube« als Metapher zu verwenden, entnehme ich dem schönen Aufsatz von Ingo Schulze über den Kapitalismus: »Das Monster in der Grube«, in der *FAZ* vom 5. August 2009, http://www.faz.net/aktuell/feuilleton/debatten/kapitalismus/ zukunft-des-kapitalismus-16-das-monster-in-der-grube-1843083.html

[11]　https://digitalcharta.eu/

[12]　http://www.faz.net/aktuell/wirtschaft/netzwirtschaft/automatisierung-bill-gates-fordert-roboter-steuer-14885514.html

[13]　Zit. nach Morozov (2013), S. 9.

[14]　http://www.sueddeutsche.de/politik/neuer-ueberwachungsstaat chinas-digitaler-plan-fuer-den-besseren-menschen-1.3517017

[15]　Andreas Geldner: »Google. Zurück zu guten alten Zeiten«. In: stuttgarter-zeitung.de vom 22. Januar 2011.

[16]　Zit. von Christian Stöcker: »Google will die Weltherrschaft«. In: spiegel.de/netzwelt vom 8. Dezember 2009.

[17]　https://en.wikipedia.org/wiki/The_Human_Use_of_Human_Beings (Übersetzung R. D. P.)

[18]　https://t3n.de/magazin/udacity-gruender-superhirn-sebastian-thrunueber-bildung-241204/

[19]　Robert Brendan McDowell und William B. Todd (Hrsg.): *The Writings and Speeches of Edmund Burke*, Oxford University Press 1991, Bd. 9, S. 247.

[20]　Aristoteles, *Politik* 1253b.

[21]　Lafargue (2015), S. 42.

[22]　Wilde (2016), S. 18.

[23]　Ebd., S. 18.

[24]　Ebd., S. 9.

[25]　Ebd., S. 4 f.

[26]　https://www.heise.de/tr/artikel/Durchbrueche-fuer-sieben-Milliarden-Menschen-1720536.html

[27]　https://de.wikipedia.org/wiki/Seasteading

[28]　http://www.zeit.de/2016/24/bedingungsloses-grundeinkommen schweiz-abstimmung-pro-contra/seite-2

[29]　Wilde(2016), S. 18.

[30] http://www.zeno.org/Philosophie/M/Nietzsche,+Friedrich/Die+fröhliche+Wissenschaft/Viertes+Buch.+Sanctus+Januarius/329

[31] http://www.faz.net/aktuell/finanzen/meine-finanzen/vorsorgen-fuer das-alter/diw-studie-in-deutschland-wird-mehr-vererbt-als angenommen-15091953.html

[32] Michael T. Young: *The Rise of Meritocracy1870 – 2033*, Thames and Hudson 1958; dt.: *Es lebe die Ungleichheit. Auf dem Wege zur Meritokratie*, Econ 1961.

[33] https://netzoekonom.de/2015/06/18/die-digitalisierung-gefaehrdet-5-millionen-jobs-in-deutschland; https://www.stuttgarter-nachrichten. de/inhalt.digitalisierung-diese-berufe-koennte-es-bald-nicht mehr-geben.33fe4bad-5732-4c40-ac6f-e77e0335ab27.html

[34] http://107.22.164.43/millennium/german.html

[35] Siehe Bauman (2005); Sennett (2005).

[36] http://www.zeit.de/politik/deutschland/2017-08/angela-merkel-wahl kampf-bundestagswahl-vollbeschaeftigung-quote-elektroautos

[37] http://www.zeit.de/2016/24/bedingungsloses-grundeinkommen schweiz-abstimmung-pro-contra/seite-2

[38] https://www.vorwaerts.de/artikel/bedingungslose-grundeinkommen zerstoert-wohlfahrtsstaat

[39] https://chrismon.evangelisch.de/artikel/2017/36320/anny-hartmannund-christoph-butterwegge-diskutieren-ueber-das-bedingungslose-grundeinkommen

[40] Jakob Lorber: *Das große Evangelium Johannes*, Lorber Verlag 1983, Bd. 5, Kapitel 108, Abs 1.

[41] Hannah Arendt: *Vita activa oder Vom tätigen Leben*, Piper 1981, S. 12.

[42] http://www.faz.net/aktuell/wirtschaft/arbeitsmarkt-und-hartz-iv/dm gruender-goetz-werner-1000-euro-fuer-jeden-machen-die-menschenfrei-

1623224-p2.html; http://www.unternimm-die-zukunft.de/de/zum-grundeinkommen/kurz-gefasst/prinzip

[43] https://www.youtube.com/watch?v=PRtlr1e_UgU

[44] http://www.microtax.ch/de/home-deutsch/

[45] Vgl. dazu die Argumentedes Wirtschaftsforschers Stephan Schulmeister auf https://www.boeckler.de.

[46] http://www.handelsblatt.com/politik/deutschland/arbeitsmarkt-jederfuenfte-arbeitet-nicht-in-regulaerem-vollzeit-job/11665150.html

[47] https://www.vorwaerts.de/artikel/bedingungslose-grundeinkommen zerstoert-wohlfahrtsstaat

[48] http://www.zeit.de/2016/24/bedingungsloses-grundeinkommenschweiz-abstimmung-pro-contra

[49] Bestritten wird es für die USA von Robert J. Gordon: *The Rise and Fall of American Growth. The U. S. Standard of Living Since the Civil War*, Princeton University Press 2017, 4. Aufl.

[50] http://worldhappiness.report/

[51] http://www.neuinstitut.de/die-fuehrenden-laender-in-der-digitalisierung/

[52] http://www.faz.net/aktuell/wirtschaft/menschen-wirtschaft/sebastianthrun-im-gespraech-ueber-seine-online-uni-udacity-13363384.html

[53] Vgl. dazu Eagleton: *Kultur*, S. 35 ff.

[54] Ebd., S. 37.

[55] Karl Marx an Friedrich Engels,18. Juni 1862, MEW 30, S. 249.

[56] Vgl. Hartmut Rosa: *Beschleunigung und Entfremdung.Versuch einer kritischen Theorie spätmoderner Zeitlichkeit*, Suhrkamp 2013.

[57] http://www.deutschestextarchiv.de/book/view/goethe_wahl-verw01_1809?p=81, S. 76.

[58] Richard David Precht: *Anna, die Schule und der liebe Gott*, Goldmann 2013.

[59] https://www.gruen-digital.de/wp-content/uploads/2010/11/A-Drs.-

17_24_014-F-Stellungnahme-Gigerenzer-Gerd-Prof.-Dr.pdf

[60] Ursus Wehrli: *Kunst aufräumen*, Kein & Aber 2002.

[61] Frederick J. Zimmerman, Dimitri A. Christakis und Andrew N. Meltzoff: »Associations between Media Viewing and Language Development in Children under Age 2 Years«. In: *Journal of Pediatrics*,151 (4), 2007, S. 364 – 368.

[62] Robert Nozick: *Anarchie. Staat. Utopia*, Lau Verlag 2011.

[63] https://de.statista.com/statistik/daten/studie/2229/umfrage/mordopfer-in-deutschland-entwicklung-seit-1987/

[64] https://www.tagesschau.de/wirtschaft/autonomes-auto-103.html

[65] Vgl. Michael Dobbins: *Urban Design and People*, John Wiley 2009; Douglas Murphy: *The Architecture of Failure*, Zero Books 2012.

[66] Morozov (2013), S. 25.

[67] William Makepeace Thackeray: *On Being Found Out*. In: Ders.: *Works*, Bd. 20, London 1869, S. 125 – 132.

[68] Ebenda.

[69] Heinrich Popitz: *Soziale Normen*, Suhrkamp 2006, S. 164.

[70] Ebenda.

[71] Zum U-Bahn-Vergleich siehe Morozov (2013), S. 317 ff.

[72] Popitz: *Soziale Normen*, S. 167.

[73] Morozov (2013), S. 16.

[74] Di Fabio (2016), S. 39.

[75] Sennett (2005), S. 128.

[76] Robert B. Reich: *Supercapitalism. The Transformation of Business, Democracy and Every Day Life*, Vintage 2008.

[77] http://www.bpb.de/mediathek/243522/netzdebatte-smart-city special-prof-armin-grunwald

[78] http://www.sueddeutsche.de/wirtschaft/montagsinterview-die-grenze-ist-

ueberschritten-1.3843812

[79] http://www.taz.de/!426234/

[80] Zu den kommerziellen Spionagenetzwerken siehe: https://www.
privacylab.at/wp-content/uploads/2016/09/Christl-Networks_K_o.pdf

[81] https://www.privacy-handbuch.de/handbuch_12b.htm

[82] Di Fabio (2016), S. 46.

[83] Ebd., S. 18.

[84] Ebd., S. 21.

[85] Vgl. Evgeny Morozov: »Silicon Valley oder die Zukunft des digitalen
Kapitalismus«. In: Blätter für deutsche und internationale Politik I/2018,
S. 93 – 104.

[86] Di Fabio (2016), S. 93.

[87] Jaron Lanier: *Wem gehört die Zukunft? »Du bist nicht der Kunde der
Internetkonzerne. Du bist ihr Produkt«*, Hoffmann und Campe 2014.

[88] Heuer/Tranberg (2015).

[89] Hofstetter (2018), S. 431.

[90] Harari (2017), S. 419 f.

[91] http://www.managermagazin.de/politik/weltwirtschaft/bitcoin-
energieverbrauch-beim-mining-bedroht-das-klima-a-1182060.html

[92] https://www.youtube.com/watch?v=SLN407nvHwM

[93] https://www.welt.de/wirtschaft/webwelt/article172870280/Rede-in-
Davos-George-Soros-geisselt-Facebook-Google-und-die-CSU.html

[94] Karl Marx: *Grundrisse*. In: MEW 42:602.

[95] Mathias Greffrath: »Der Mehrwert der Geschichte«, S. 21. In: Ders.
(Hg.) *Re. Das Kapital. Politische Ökonomie im 21. Jahrhundert*,
Kunstmann 2017.

[96] http://www.linke-buecher.de/texte/romane-etc/Morus--%20Utopia.pdf,
S. 211.

致　谢

　　我非常感谢所有以他们自己的方式对本书的出版做出贡献的人，感谢巴伐利亚州数字化中心研究所所长曼弗雷德·布洛伊，我们在《时代周刊》上一起探讨了数字未来的挑战。在此，要特别感谢我的第一读者汉斯·于尔根·普雷希特、马丁·莫勒尔、弗里茨·法瑟和马可·维尔。

图书在版编目（CIP）数据

我们的未来：数字社会乌托邦 /（德）理查德·大卫·普雷
希特著；张冬译. — 北京：商务印书馆，2022（2023.2重印）
ISBN 978-7-100-20422-4

Ⅰ.①我… Ⅱ.①理… ②张… Ⅲ.①数字技术—影响 Ⅳ.
①TN01

中国版本图书馆CIP数据核字（2021）第204492号

我们的未来

数字社会乌托邦

〔德〕理查德·大卫·普雷希特 著

张冬 译

商 务 印 书 馆 出 版
（北京王府井大街36号 邮政编码100710）
商 务 印 书 馆 发 行
北京市十月印刷有限公司印刷
ISBN 978-7-100-20422-4

2022年1月第1版　　　开本 850×1168　1/32
2023年2月北京第2次印刷　　印张 7⅜
定价：48.00元